高等教育美术专业与艺术设计专业"十二五"规划教材

CorelDRAW 基础教程

CORELDRAW JICHU JIAOCHENG

主　编：李红月　　刘　芳　　张红岩

北京工业大学出版社

内 容 简 介

本书是根据国家对高等院校美术专业与艺术设计专业的培养目标和课程设置的教学要求，编写的教材。涉及的主要内容包括 CorelDRAW X4 的基础知识，CorelDRAW X4 的新增功能，CorelDRAW X4 的基本操作，操作与管理对象，绘制图形，绘制曲线，形状编辑，设置图形的轮廓，交互式工具，填充工具和网状填充工具，文字处理，位图处理，综合实例练习等。综合实例练习以提高和拓宽读者对 CorelDRAW X4 操作的掌握和应用。

本书既可作为高等教育美术专业与艺术设计专业的教材，又可作为相关人员的参考书。

图书在版编目（ＣＩＰ）数据

CorelDRAW 基础教程 / 李红月，刘芳，张红岩主编 . -- 北京：北京工业大学出版社，2013.3

高等教育美术专业与艺术设计专业"十二五"规划教材

ISBN 978-7-5639-3444-7

Ⅰ . ① C… Ⅱ . ① 李… ② 刘… ③ 张… Ⅲ . ① 图形软件—高等学校—教材 Ⅳ . ① TP391.41

中国版本图书馆 CIP 数据核字 (2013) 第 039966 号

CorelDRAW 基础教程

- -

主　　编：李红月　　刘　芳　　张红岩
责任编辑：王轶杰
封面设计：大燃图艺
出版发行：北京工业大学出版社
　　　　　　（北京市朝阳区平乐园 100 号　100124）
　　　　　　010-67391722（传真）　bgdcbs@sina.com
出 版 人：郝　勇
经销单位：全国各地新华书店
承印单位：北京高岭印刷有限公司
开　　本：787mm × 1092mm 1/16
印　　张：11.5
字　　数：230 千字
版　　次：2013 年 3 月第 1 版
印　　次：2014 年 7 月第 2 次印刷
标准书号：ISBN 978-7-5639-3444-7
定　　价：58.90 元

- -

总　序

　　本系列教材是根据高等教育美术专业与艺术设计专业教学的客观规律，遵循国家对美术专业与艺术设计专业设置和教学的评价标准、培养目标等要求而组织编写的。

　　本系列教材注重思维的创新性与知识的应用性、针对性、时效性，适用于普通本科及高职高专院校美术专业与艺术设计专业的在校学生。创造性思维是人类智能的扩展，是打破常规建立的循环，是超越常规的引导，是感性与理性交融的思考与实践。在美术艺术设计领域中，原创性是艺术价值的集中体现。倡导创造性思维教育虽然已有很长时间，但时至今日，还有很多院校的美术专业与艺术设计专业教育仍然停留在传统的技法型教育上。本系列教材通过系统的逻辑思维、非逻辑思维、空间思维等训练，充分调动学生的思维能动性，激发出学生的创造力，为学生打开创意之门。美术与艺术设计是艺术创造性和功能实用性的有机统一，本系列教材在培养学生创造性思维的同时，更加注重知识的实用性。时下，部分美术与艺术设计教材或理论知识内容烦琐，与实践工作脱节，不能起到有效的指导作用；或教学理念与案例陈旧，不符合时代发展的要求。在本系列教材编写过程中，作者们秉承与时俱进的精神，采用了大量最新的实际设计案例，设置了切实可行的实操训练，努力将知识融入实践之中，搭建理论知识与设计实践的桥梁。

　　本系列教材吸收了先进的教学理念和教学模式，力求把当前美术与艺术设计教学领域内最新、最优秀的成果传授给学生，希望能成为美术与艺术设计专业教师和学生的良师益友，同时也诚挚欢迎广大同人批评指正。

前　　言

　　本教材是根据高等美术专业与艺术设计专业教育的客观规律，遵循国家对美术专业与艺术设计专业学科专业的评价标准、培养目标等要求，由多位从事本专业的专家、教师、广告公司设计人员参与组织编写的一套独具特色的绘图软件学习的教材。

　　本教材是目前最流行的矢量绘图软件之一，在平面设计领域一直占据着主导地位。CorelDRAW X5 虽然在很多功能上拥有领先的设计，但从系统容量和操作的稳定性而言，CorelDRAW X4 当属首选，所以很多设计公司还是把运行稳定的 CorelDRAW X4 作为主流产品使用。CorelDRAW X4 在色彩编辑、绘图造型、描摹、照片编辑和版面设计等方面的功能，相较之前也有了很大增强，可以让设计师更加轻松快捷地完成创意项目。

　　本教材完整、系统地介绍了 CorelDRAW X4 的功能和使用方法。根据软件的结构设置，本书共分为 12 章，以详细讲解软件的实用功能为主，并在每章附加小练习。在最后一章，笔者还准备了比较具有实用价值的封面设计和产品页面设计多个练习。可以令读者在详细了解软件功能的基础上进一步拥有实战经验。

　　本教材结构清晰明了，讲解简洁易懂，不仅可以作为初学者使用 CorelDRAW X4 进行图像编辑处理的自学教材，而且也可以作为从事或即将从事平面设计、图形图像处理、网页制作的读者随时查阅软件具体功能的案头工具书，还适合作为大中专院校相关专业及平面设计培训班的教材。

　　本教材还吸收了各种先进的设计方法和先进的教学模式，力求把当前最先进的设计理念融入其中，给每个应用本教材的老师和学生们带来惊喜，希望这本教材能成为老师和学生们的良师益友，同时也诚挚地欢迎广大专家和业内人士批评指正。

Design

编 委 会

主　编：李红月　　刘　芳　　张红岩

副主编：何　伟　　侯庭卓　　刘鸿杰

目　录

第 1 章　CorelDRAW X4 的基础知识

1.1　CorelDRAW X4 简介

CorelDRAW 是矢量绘图软件之一，在平面设计领域一直占据着主导地位。目前，CorelDRAW X5 虽然在很多功能上都有领先的设计。但从系统容量和操作的稳定性而言，CorelDRAW X4 当属首选，所以很多设计公司把采用运行稳定的 CorelDRAW X4 作为主流产品使用。CorelDRAW X4 在色彩编辑、绘图造型、描摹、照片编辑和版面设计等方面的功能，与以前的版本相比较，有了很大增强，可以让设计师更加轻松快捷地完成创意项目。

1.2　CorelDRAW X4 的工作环境

CorelDRAW X4 在运作时需要占用很大的系统空间，所以对计算机的软硬件配置有一定的要求。条件如下：

（1）可使用的操作系统包括：Windows XP、Windows 2000、Windows Vista、Windows 7 等。

（2）对 CPU（中央处理器）的要求：使用 PentiumIII 或 AMD Athlon XP 以上的处理器，主频不能低于 800MHz。CPU 运行的快慢关系着计算机的运行速度。

（3）对内存的要求：512MB 或更高，推荐 1GB 以上。内存的大小以及与 CPU 的匹配程度决定了 CorelDRAW 软件运行的快慢。

（4）对硬盘空间的要求：硬盘空间最低不能低于 370MB。

（5）对显示器的要求：1024×768 或更高的分辨率。

1.3　CorelDRAW X4 的安装、卸载、启动与退出

1.3.1　安装 CorelDRAW X4

安装步骤如下：

（1）将 CorelDRAW X4 的安装光盘放入光驱，系统将自动运行安装程序。如图 1-3-1 所示，安装浮动窗口中有两个选项，包括标准安装和自定义安装。

（2）如果硬盘空间较大可以选择标准安装；若硬盘空间有限可以选择自定义安装。选中"自定义安装"后，点击"下一步"按钮，自定义安装浮动窗口中出现"目标文件夹"选项，如图1-3-2所示。图中的软件安装位置为默认位置。如果C盘空间不充裕可以选择其他盘进行安装，可以通过点击"浏览"的下拉菜单重新选择位置。然后点击"下一步"按钮。

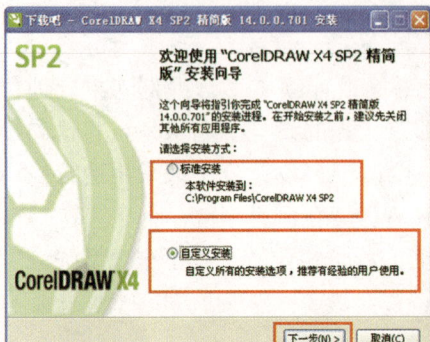

图 1-3-1　选择安装模式

图 1-3-2　选择安装位置

（3）选择组件安装浮动窗口出现安装"选定安装组件"浮动面板，如图1-3-3所示。在浮动面板中，可以将安装的组件进行选定。然后点击"安装"按钮。如图1-3-4所示，进入安装状态。

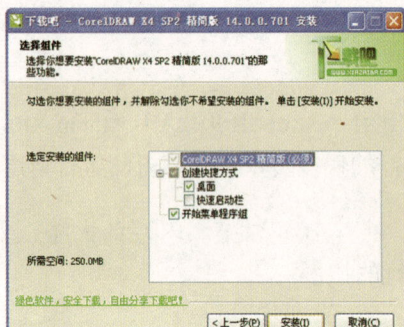

图 1-3-3　选定安装组件

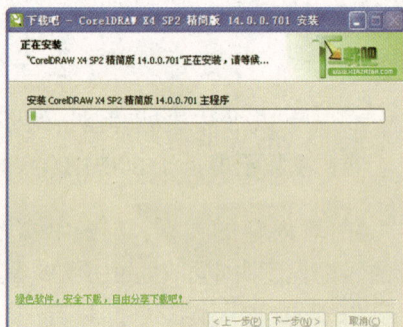

图 1-3-4　安装状态

（4）稍等几秒后，屏幕出现安装完成浮动窗口，点击"完成"按钮，如图1-3-5所示。

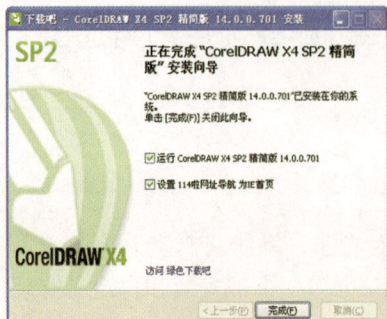

图 1-3-5　完成安装

（5）在软件安装完成之后，CorelDRAW X4 自动会在 Windows 桌面"开始"的"所有程序"的"CorelDRAW X4"下添加启动图标，如图1-3-6所示。点击图标即可开启程序。或点击桌面上 CorelDRAW X4 启动图标，如图1-3-7所示，也可以开启软件。

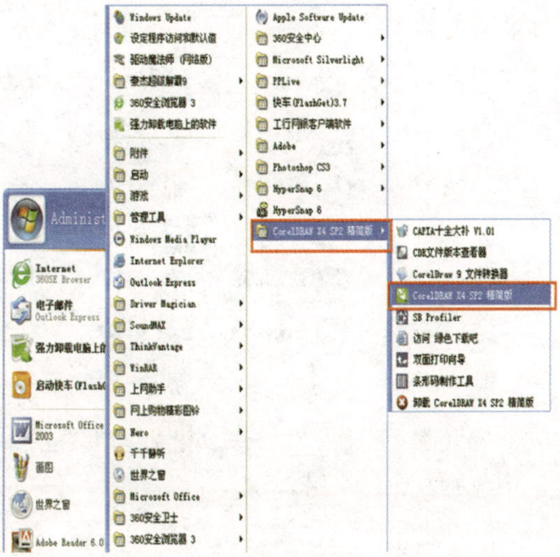

图 1-3-6　添加启动图标

图 1-3-7　启动图标

（6）如果为了日常操作方便，可以在图 1-3-6 操作的基础上，点击鼠标右键，选择"发送到"的"桌面快捷方式"，如图 1-3-8 所示。就可将启动图标发送到桌面上，便于日常操作，如图 1-3-9 所示。如果用鼠标左键点击拖拽图标，就会将启动图标剪切至桌面，而不是复制到桌面。如果直接拖拽，而桌面图标丢失，则需要重新安装软件，否则无法启动。

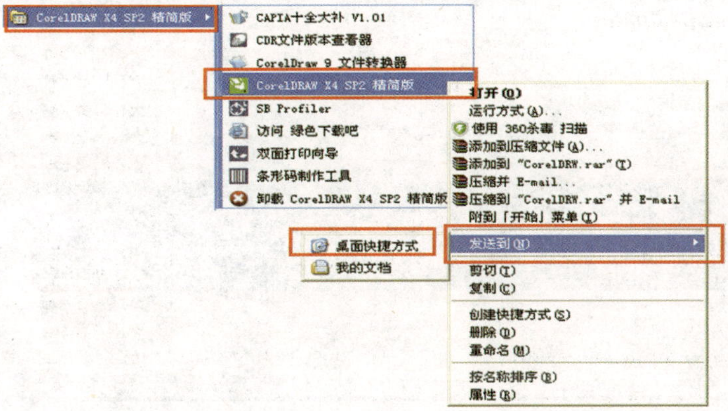

图 1-3-8　发送图标到桌面

图 1-3-9　桌面上的图标

1.3.2　卸载 CorelDRAW X4

在 Windows XP 系统下卸载 CorelDRAW X4，需按照以下步骤进行：

（1）在 Windows 系统中，单击"开始"的"控制面板"，如图 1-3-10 所示。在"控制面板"中，双击"删除或添加程序"，如图 1-3-11 所示。

图 1-3-10　选择控制面板　　　　　　　图 1-3-11　选择"删除或添加程序"

（2）在"删除或添加程序"中，找到 CorelDRAW X4 的安装程序并单击，然后点击"更改 / 删除"按钮，如图 1-3-12 所示。

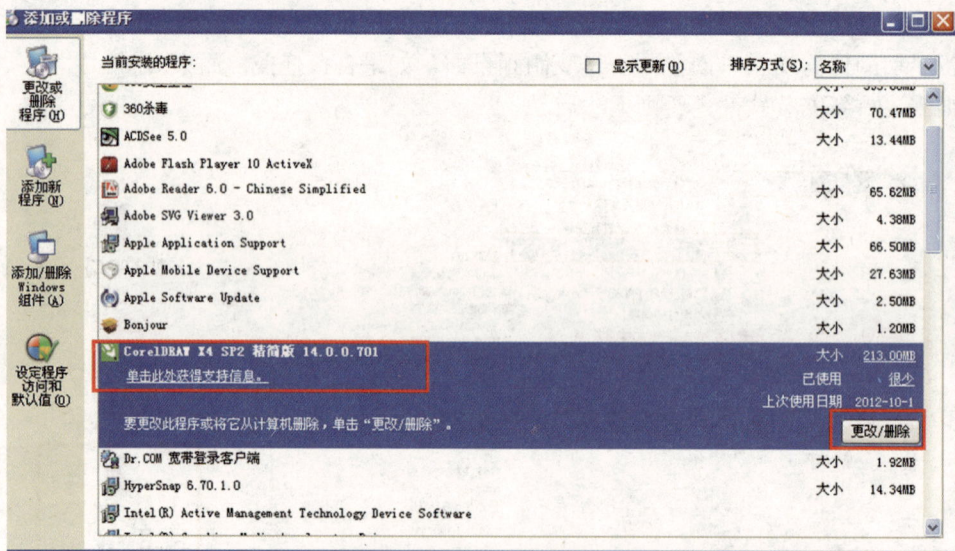

图 1-3-12　删除 CorelDRAW X4

（3）在弹出 CorelDRAW X4 的卸载对话框中，单击"是"按钮，如图 1-3-13 所示。即刻开始卸载，如图 1-3-14 所示。卸载完成后，点击"完成"按钮，就完成了对该软件的卸载工作。

图 1-3-13　确认删除 CorelDRAW X4

（4）卸载 CorelDRAW X4 也可以在 Windows 操作系统桌面的"开始"的"所有程序"的"CorelDRAW X4"中进行。点击"卸载 CorelDRAW X4"选项，即可一步卸载，如图 1-3-15 所示。

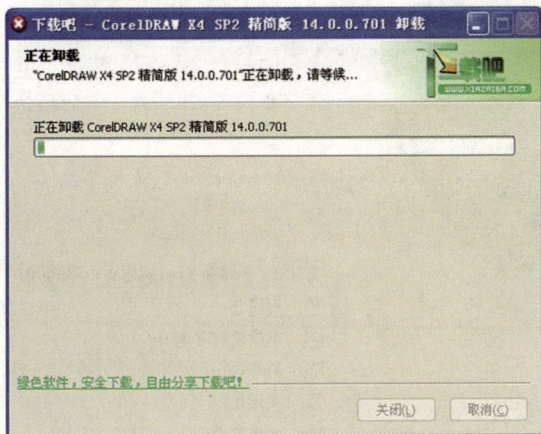

图 1-3-14　卸载过程

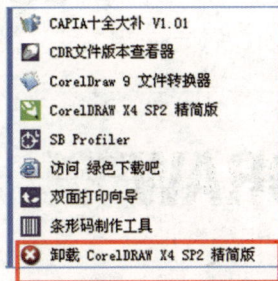

图 1-3-15　快速卸载

1.3.3　启动 CorelDRAW X4

启动 CorelDRAW X4 软件，可以在桌面上双击 CorelDRAW X4 的启动图标，如图 1-3-16 所示。也可以点击 Windows 操作系统桌面的"开始"的"所有程序"的"CorelDRAW X4"，如图 1-3-17 所示。启动程序，如图 1-3-18 所示。程序启动后，可以看到 CorelDRAW X4 的工作桌面，如图 1-3-19 所示。

图 1-3-16　双击启动图标

图 1-3-17　通过"开始"选项启动

1.3.4 退出 CorelDRAW X4

在使用软件完成设计后，可以点击 CorelDRAW X4 工作界面右上角的按钮，如图 1-3-20 所示。或者单击"文件"菜单的"退出"，如图 1-3-21 所示，便可以安全退出。建议在安全退出之前，对设计图稿进行存储，以便于再次修改。如果未能安全退出，那么，会造成存储文件错误。存储错误或损坏的文件有可能不能打开，甚至无法使用。

图 1-3-20　右上角的按钮

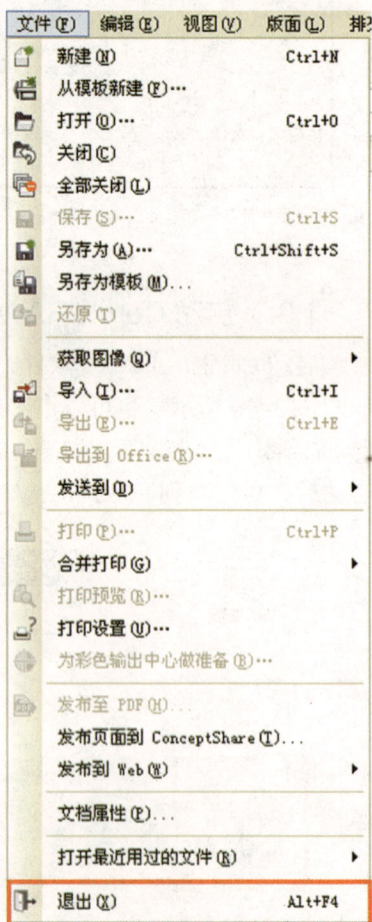

图 1-3-18　启动程序

图 1-3-19　工作桌面

图 1-3-21　安全退出

1.4 矢量图和位图

在图像设计领域，图像被分为矢量图和位图两类。这两类图像是计算机描述的和现实图形、图像不同的方式，具有不同的特点。在设计过程中，它们也发挥着各自不同的作用。为了便于设计者在设计中区分和使用，下面对两类图像的特点进行详细的讲述。

1.4.1 矢量图

矢量图（vector graphics）又被称为向量图形或面向目标的图形。它是由线条和曲线来描述图形。这些线条和曲线被定义为"矢量"计算机数字描述对象的模式。矢量根据图像的几何特性来描绘对象。计算机以点和线的属性方式识别图像，所以矢量图的大小与分辨率无关。因为无论矢量图怎样被放大或缩小，或改变颜色，都不会失真。矢量图图形边缘都不会出现位图边缘的那种锯齿状，而始终保持着清晰的线条，和明确的色彩。原因就在于计算机的点和线条的识别方式。CorelDRAW X4 就是矢量图绘制软件，其绘制的图形直接存储的默认格式，均为矢量图的存储格式。

如图 1-4-1 所示为矢量图全图效果。如图 1-4-2 所示为其局部放大效果，其放大后色彩保真度较强，仍能显示出清晰的线条效果。

图 1-4-1　矢量图的全图 　　　　　　图 1-4-2　矢量图的局部放大

对于打印和印刷而言，矢量图是以线条和色彩保真的一种极好的图形处理方式。尤其是设计标志或者 VI（企业视觉识别）系统手册时，一般都使用矢量图形。矢量图的最大优点是能够平滑输出，尤其是输出文字时，文字边缘可以保持顺滑的曲线效果。这点被广泛应用在标志设计中。

CorelDRAW X4 在绘制、编辑矢量图的同时，也能够对位图进行处理，支持矢量图和位图之间的转换，包括印刷之前的排版输出。

1.4.2 位图

位图（bitmap）图像又被称为光栅图像、栅格图像或点阵图。它是由像素点构成的。这些像素点就是一个个小方形，当它们以网状排列即成为我们所看到的位图。

由于位图是由无数个像素点组成。这些像素点都有自己特定的位置和颜色色值。位图的大小由分辨率决定。分辨率是指单位面积内包含像素点的多少。像素点多，则分辨率高。像素点少，则分辨率低。分辨率高的图像，色彩变化细腻、细节丰富、清晰。分辨率低的图像色彩过渡差，放大后色彩分布不均，且容易发生扭曲变形的状况。

如图 1-4-3 为位图全图效果。如图 1-4-4 为其局部放大效果，已经出现色彩分布不均和边缘栅格化的情况。

图 1-4-3　位图的全图

图 1-4-4　位图的局部放大

如果在设计中，希望设计稿输出后清晰度高，就应该在设计中采用分辨率高的位图进行设计，同时将输出时的数值尽量调高一些，这样就能得到高清晰度的图像。

1.5　图像色彩

设计中常用的色彩模式有：灰度模式、RGB 模式、HSB 模式和 CMYK 模式。每种模式根据自身特性，被应用在不同的设计中。

1.5.1　灰度模式

图像的灰度模式是用单一色调表现图像。一个像素的颜色用八位元素来表示，一共可表现 256 阶（色阶）的灰色调（含黑和白），也就是 256 种明度的灰色，即黑→灰→白的过渡，如同黑白照片。灰度模式中每个像素的范围值从 0（黑色）至 255（白色）。K 值为 0，即白色；K 值为 100，即为黑色。

1.5.2　RGB 模式

R 代表红色（red），色值为：R=255，G=0，B=0；G 代表绿色（green），色值为：R=0，G=255，B=0；B 代表蓝色（blue），色值为：R=0，G=0，B=255。"均匀填充颜色"对话框中 RGB 色彩模式色值数据均可以调控。RGB 模式本质是由红、绿、蓝三种色相叠加形成其他颜色，所以其为加色模式。因为三种颜色每一种都有 256 个（0 ~ 255）亮度水平级，所以这三种色组合可以形成 1670 多万种颜色。

RGB 模式是显示器最常用的一种色彩模式，也称为原色模式，是大多数图像处理软件的默认色彩模式。就编辑图像而言，因为 RGB 色彩模式可提供全屏幕的、达 24bit 的色彩范围，所以它也是最佳的色彩模式。在打印中由于 RGB 模式所提供的有些色彩在颜料色中是不存在的，系统将自动进行 RGB 模式与 CMYK 模式的转换。所以在打印一幅 RGB 模式的图像时，就必然会损失一部分色彩，并且往往失去比较鲜艳的色彩。

1.5.3　HSB 模式

HSB 模式中的 H、S、B 分别表示色相、饱和度、亮度，这是一种从视觉的角度定义的颜色模式。软件中该模式可以轻松选取各种不同明度和色相的色彩。在 HSB 模式中，设计者只需要从色相、饱和度和明度方面选配出需要的色彩。

基于人类对色彩的感觉，HSB 模型描述颜色的特征如下：

（1）色相（hue）：在 0~360° 的标准色轮上，色相是按位置度量的。在通常的使用中，色相是由颜色名称标识的，比如红、绿或橙色。

（2）饱和度（saturation）：颜色的强度或纯度。饱和度表示色相中彩色成分所占的比例，用从 0（灰色）~100%（完全饱和）的百分比来度量。在标准色轮上饱和度是从中心逐渐向边缘递增的。

（3）亮度（brightness）：颜色的相对明暗程度，通常是从0（黑）~100%（白）的百分比来度量的。

1.5.4 CMYK 模式

CMYK 代表印刷上用的四种颜色，C 代表青色（Cyan），M 代表洋红色（Magenta），Y 代表黄色（Yellow），K 代表黑色（Black）。

因为在实际应用中，青色、洋红色和黄色很难叠加形成真正的黑色，最多不过是褐色而已。因此才引入了 K——黑色。黑色的作用是强化暗调，加深暗部色彩。由于 RGB 颜色合成可以产生白色，因此也称它们为加色，RGB 产生颜色的方法称为加色法。而青色（C）、品红（M）和黄色（Y）的色素在合成后可以吸收所有光线并产生黑色，这些颜色因此被称为减色，CMYK 产生颜色的方法称为减色法。

在处理图像时，如果用于简单练习一般不采用 CMYK 模式，因为这种模式的图像文件占用的存储空间较大。但是，如果制作用于印刷的设计作品时，就应采用 CMYK 模式，减少印刷时再调整的麻烦。

第 2 章   CorelDRAW X4 的新增功能

与之前的版本相比，CorelDRAW X4 软件增加了很多新功能。执行 CorelDRAW X4 "帮助"菜单的"突出显示新增功能"选项，如图 2-1-1 所示。执行后，CorelDRAW X4 的新增功能以淡粉色在工作界面中呈现，如图 2-1-2 所示。

具体增加的新功能在如下各节介绍。

图 2-1-1   突出新增功能

图 2-1-2   呈现新增功能

2.1   文本格式的实时预览功能

需要改变输入的字体时，需选中段落文字。执行 CorelDRAW X4 工作界面中属性栏"字体列表"按钮，就可以将段落文字以预览的方式按照选择的字体形态呈现出来，如图 2-1-3 所示。此功能便于设计师进行效果比较，大大减少了调整字体类型的烦琐的操作步骤。

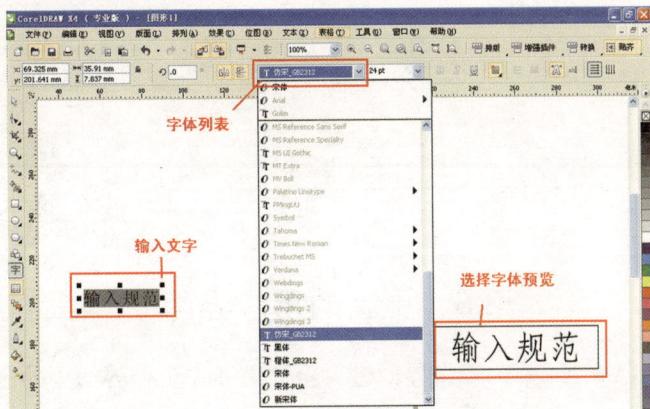

图 2-1-3   文本格式的实时预览

2.2　表格制作工具

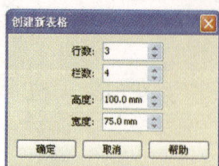

图 2-2-1　创建新表格

CorelDRAW X4 的交互表格工具能够轻松创建和导入表格。设计师可以便捷地调整表格属性。点击"表格"的"创建新表格",弹出"创建新表格"对话框,如图 2-2-1 所示。在表格属性栏中可以修改行数和列数,以及改变边框线颜色等元素,如图 2-2-2 所示。

图 2-2-2　表格属性栏

2.3　独立图层

在 CorelDRAW X4 中,每页中的图层可以进行独立的编辑体调整。点击"窗口"的"泊坞窗"的"对象管理器",即可见工作界面中添加的图层窗口,如图 2-3-1 所示。每页均可单独设置副辅助线,而整个文件可以设置主辅助线。

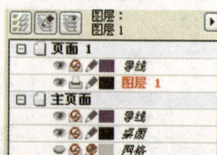

图 2-3-1　添加的图层窗口

2.4　保存和打开文件的搜索功能

在软件中打开或保存文件时,用户可以根据主题、文件类型、日期或关键字等文件元素进行搜索,如图 2-4-1 所示。此功能与 Windows 搜索文件的功能十分近似,所以用户操作起来不会产生陌生感。

图 2-4-1　搜索文件

2.5　更新的用户界面

在 CorelDRAW X4 中,工作界面进行全面更新。工作界面中的图标、菜单和控件构成了全新的外观。浏览和组织文件的预览功能在 CorelDRAW X4 中得到大幅度提升。

第 3 章　CorelDRAW X4 的基础操作

CorelDRAW 在矢量图制作和印刷拼版领域发挥着极大的作用。许多精彩的设计作品必须借助它才能完成。CorelDRAW X4 在许多方面的操作具有很强的便捷性和灵活性。它绘制出精彩的作品。下面将 CorelDRAW X4 的基础操作进行详细介绍。

3.1　工作界面构成

双击 CorelDRAW X4 在桌面的图标，开启 CorelDRAW X4 软件，进入工作界面。工作界面由多项元素构成，如图 3-1-1 所示。下面将对 CorelDRAW X4 的标准工作界面各组成部分进行简略介绍。

图 3-1-1　多项元素构成的工作界面

1. 标题栏

在 CorelDRAW X4 界面的最上方。标题栏左侧显示了当前文件名称。右侧是最小化、最大化和关闭窗口的三个按钮。

2. 菜单栏

菜单栏涵盖了 CorelDRAW X4 所有的绘图和编辑操作命令，共 12 项。在每一个菜单下又有若干个子菜单。这些子菜单包括图形编辑、视图管理、页面控制、对象管理、特效处理和位图编辑的主要方式等。菜单栏最右侧包括最小化、最大化、关闭当前文件的按钮。

3. 工具栏

工具栏在菜单栏的下方，提供了软件最常用的一些命令。这些命令与菜单栏的命令相对应。

4. 属性栏

属性栏在工具栏的下方。随着选择不同的工具或操作对象，其也会产生相应变化。属性栏中包括为当时选择工具的一些操作参数，方便用户调整工具参数时使用。

5. 工具箱

工具箱位于工作区的左侧，包含绘制和编辑图稿的所有工具。某些下方有黑色下拉三角标志的工具还可以有拓展工具栏。

6. 绘图窗口

此区域也可以进行图形的绘制、编辑和存储，但是该区域的图形不能打印显示。

7. 导航器

工作界面左下角和右下角分别为页面导航器和对象导航器。

8. 状态栏

状态栏包括当前编辑对象的属性信息和填充色以及边框颜色等。当页面内没有编辑对象时，可以显示鼠标所处位置信息。

9. 页面工作区

此区域中对象可以在打印时显示。此部分是可以创建、添加和编辑应用程序的区域。调整显示区域可以采用视图工具和滚动条进行调节。

10. 标尺

分为水平标尺和垂直标尺，用于精确地显示缩放和对齐对象的参考和辅助工具。可以通过执行菜单"视图"的"标尺"命令，打开或关闭标尺，如图 3-1-2 所示。

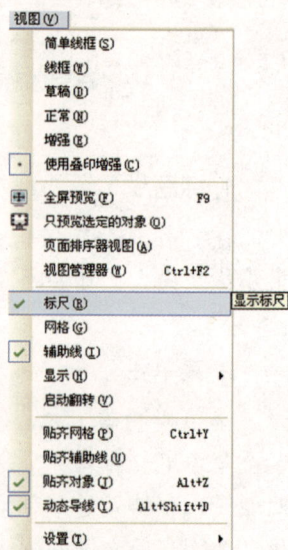

图 3-1-2 打开或关闭标尺

标尺中包括辅助线，辅助线分为横向、竖向和倾斜三种，用于辅助确定对象的位置。通过将鼠标指针点住标尺并向工作区拖拽，即可创建辅助线，如图3-1-3所示。辅助线可以移动，如图3-1-4所示。旋转辅助线，如图3-1-5所示。以上操作均可通过鼠标点击完成。

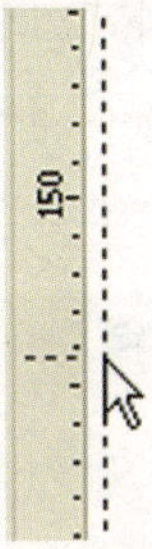

图 3-1-3　创建辅助线　　　　图 3-1-4　移动辅助线 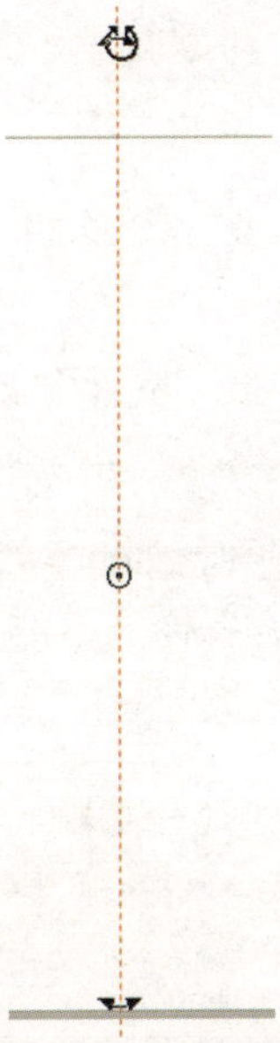　　　　图 3-1-5　旋转辅助线

11. 调色板

调色板位于工作界面右侧。它由许多色格组成。通过鼠标点击，即可选取形状内部填充色彩和轮廓色彩。在调色板最上方的图标 ⊠ ，为无色按钮。鼠标左键点击是将选取对象的填充色变为无色。鼠标右键点击是将对象的轮廓色变为无色。调色板最上方和最下方的下拉三角按钮用于调换色彩。若用鼠标左键点住任意一个色块即可见到此颜色的临近明度、色相和饱和度的色彩，如图3-1-6所示。

图 3-1-6　选取颜色

12. 滚动条

滚动条位于工作区的下方和右侧，分为水平和垂直滚动条，用于移动当前窗口中的内容，便于查看编辑视图。

3.2 菜单栏

菜单栏中涵盖了 CorelDRAW X4 所有的绘图和编辑操作命令，共 12 项。在每一个菜单下又有若干个子菜单。这些子菜单包括图形编辑、视图管理、页面控制、对象管理、特效处理和位图编辑的主要方式等。菜单栏最右侧包括最小化、最大化、关闭当前文件的按钮。只需选择相应的菜单，就可以执行图形编辑。

每个菜单的主要功能，简要叙述如下：

1. "文件"菜单

"文件"菜单主要管理编辑文档，例如，文档的新建、打开、关闭、保存、打印等，如图 3-2-1 所示。CorelDRAW X4 中如果文件需要保存为一些特殊格式，"保存"命令不能实现，如 TIFF 格式需执行"文件"的"导出"命令，如图 3-2-2 所示。"导出"对话框中还可以将选定对象导出为位图格式。

图 3-2-1 "文件"菜单   图 3-2-2 文件导出

2. "编辑"菜单

"编辑"菜单主要处理复制、选取、剪切、再制等，如图 3-2-3 所示。

3. "视图"菜单

"视图"菜单主要针对调控工作界面的显示方式，如图 3-2-4 所示。其中的工作区对象的方式有"线框"、"草稿"、"增强"等效果，方便设计过程中校对图形。"标尺"、"辅助线"、"网格"等为绘图标准化的辅助工具。

4. "版面"菜单

"版面"菜单包括页面调整的命令，如插入页、切换页面方向、页面设置等，如图 3-2-5 所示。

图 3-2-3 "编辑"菜单   图 3-2-4 "视图"菜单   图 3-2-5 "版面"菜单

5. "排列"菜单

"排列"菜单用于调整工作区内对象的叠放层方式和规整化排列对象的一些命令，如图 3-2-6 所示。

6. "效果"菜单

"效果"菜单用于调整编辑对象的色彩效果和制作特殊效果，如"封套"、"添加透视"、"克隆效果"等，如图 3-2-7 所示。

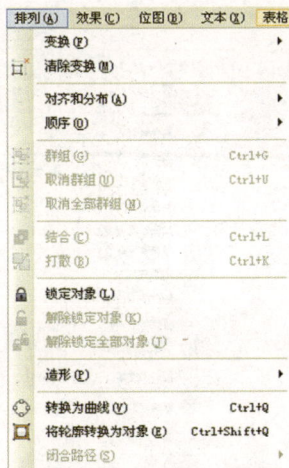

图 3-2-6 "排列"菜单   图 3-2-7 "效果"菜单

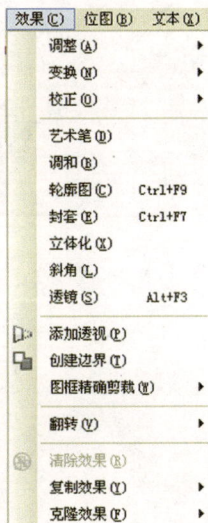

图 3-2-8 "位图"菜单

7. "位图"菜单

在 CorelDRAW X4 中，位图不能采用打开的方式，需执行菜单"文件"的"导入"的命令。编辑位图则可以用"位图"菜单中的命令，如"编辑位图"、"裁剪位图"等命令，如图 3-2-8 所示。"艺术笔触""扭曲"等效果用于绘制位图。CorelDRAW X4 中绘制的图形均为矢量图，执行"转换为位图"的命令，可以转为图片格式的位图，避免不同级别软件打开文件时，改变存储效果的问题。但转为位图后，图形被编辑调整的空间将大大降低。因此，用户转换时，应考虑充分后再执行。

8. "文本"菜单

菜单中的命令可以用来输入、调整文字，如图 3-2-9 所示。段落文本以及调整文本框等处理均需使用该菜单中的命令。

9. "表格"菜单

该菜单是 CorelDRAW X4 软件的新增功能，如图 3-2-10 所示。此菜单的交互表格功能可以创建和导入表格，并提供文本和图形在绘图中的布局。用户可以轻松地对齐表格和单元格，调整格内空间大小。其中"将文本转为表格"和"将表格转为文本"的命令，可以说是一键实现的转换功能，极为强大，解决了用户调整表格的烦琐过程。

10. "工具"菜单

"工具"菜单即为工具箱的宏观调整命令，如图 3-2-11 所示。菜单中的命令可以改变工具箱内工具组的显示方式，以及其内部功能的调整。

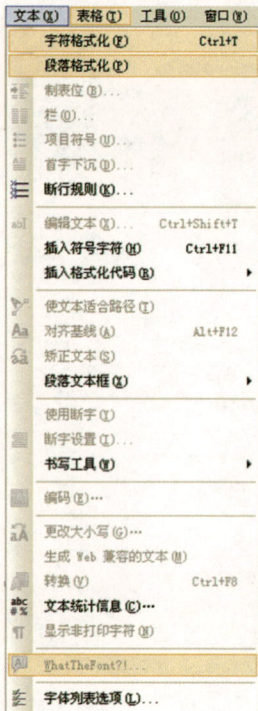

图 3-2-9 "文本"菜单

图 3-2-10 "表格"菜单

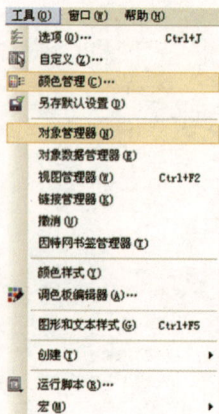

图 3-2-11 "工具"菜单

11. "窗口"菜单

"窗口"菜单主要用于控制工作界面中泊坞窗、调色板、工具栏等窗口的显示功能，如图 3-2-12 所示。

12. "帮助"菜单

"帮助"菜单用于可以解答 CorelDRAW X4 软件使用中的问题，包括寻找命令，如图 3-2-13 所示。其中"突出显示新增功能"命令可以展示 CorelDRAW 众多版本的新增功能，如图 3-2-14 所示。

图 3-2-12 "窗口"菜单　图 3-2-13 "帮助"菜单 1　　图 3-2-14 "帮助"菜单 2

3.3 工具箱

在默认情况下，工具箱竖排在工作区的右侧，如图 3-3-1 所示。如果用鼠标左键点住工具箱上方出现 ✛ 图标，即可将工具箱拖拽到工作区任何位置，如图 3-3-2 所示。工具箱内包含绘制和编辑图稿的所有工具。某些下方有黑色下拉三角标志的工具还有拓展工具栏。所有工具展开图，如图 3-3-3 所示。

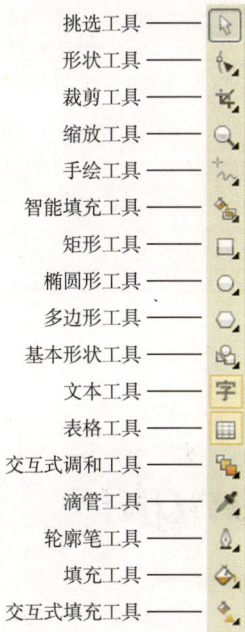

挑选工具 ——
形状工具 ——
裁剪工具 ——
缩放工具 ——
手绘工具 ——
智能填充工具 ——
矩形工具 ——
椭圆形工具 ——
多边形工具 ——
基本形状工具 ——
文本工具 ——
表格工具 ——
交互式调和工具 ——
滴管工具 ——
轮廓笔工具 ——
填充工具 ——
交互式填充工具 ——

图 3-3-2 拖拽工具箱

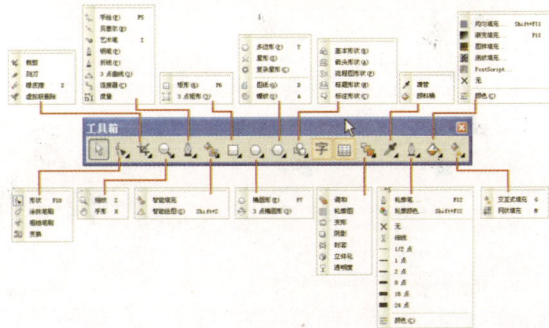

图 3-3-1 工具箱

图 3-3-3 工具展开

下面将分别介绍工具箱中各类主要工具的性能。

3.3.1 挑选工具

挑选工具 ![icon]：用于选取、移动、旋转、放大、缩小对象。选取工具仅需用鼠标左键点击，即可实现选取。在选取的基础上，鼠标在对象内部变为 ✛ 图标，表示可通过拖拽鼠标的方式进行移动，如图 3-3-4 所示。在鼠标变为 ✛ 图标时，再次点击选取对象内部，效果如图 3-3-5 所示。此情况下，鼠标移动至对象四个角的黑色节点位置变为 ↻ 图标，表示可旋转。在对象四边节点位置，鼠标变为 ⇌ 图标时，表示对象可以左右倾斜扭曲。鼠标变为 ↕ 图标时，表示对象可以上下倾斜扭曲。在选取的基础上，鼠标移至对象对角线位置，变为 ↖ 或 ↗ 图标，表示可将对象向对角线方向放大、缩小。↔、↕ 则表示可横向、纵向放大或缩小。

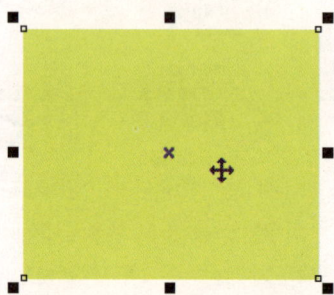

图 3-3-4 移动对象 1

图 3-3-5 移动对象 2

3.3.2 形状工具栏

1. 形状工具

形状工具 ![icon] 的作用是通过调节编辑对象的节点从而改变形状，如图 3-3-6 所示。同时也可以调整文本的字、行间距，如图 3-3-7 所示。

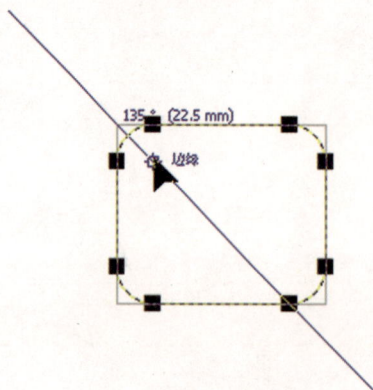

图 3-3-6 改变形状

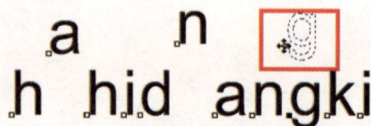

图 3-3-7 调整间距

2. 涂抹笔刷

涂抹笔刷 的作用是在矢量图或者位图边缘涂抹，从而改变其形状，如图3-3-8所示。

3. 粗糙笔刷

粗糙笔刷 的作用是在矢量图边缘拖动，从而改变其轮廓形状，如图3-3-9所示。

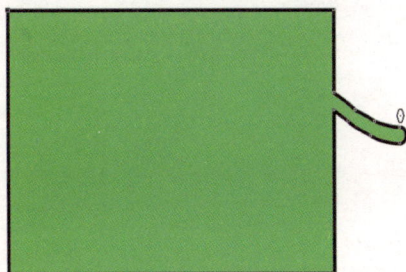

图 3-3-8　边缘涂抹

4. 变换工具

变换工具 的作用是通过旋转、缩小或倾斜变换对象，如图3-3-10所示。

图 3-3-9　边缘拖动

3.3.3 裁剪工具栏

1. 裁剪工具

裁剪工具 是用于剪切选定对象，如图3-3-11所示。剪切后，对象的填充色和轮廓线将变为两个部分。

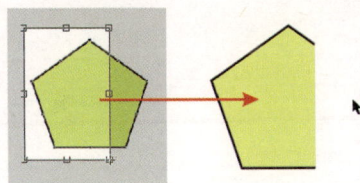

图 3-3-10　变换对象

2. 刻刀工具

使用刻刀工具 ，可在对象任意位置进行刻画，效果如图3-3-12所示。刻画后对象分为多个部分，但对象的任何部分都不会消失。

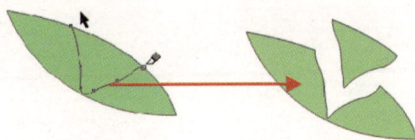

裁剪前　　　　裁剪后
图 3-3-11　剪切选定对象

刻划前　　　　刻划后
图 3-3-12　刻划对象

3. 橡皮擦工具

使用橡皮擦工具 ，可在对象任意位置进行擦除，效果如图3-3-13所示。擦除后对象分为多个部分。擦除的路径部分将消失。

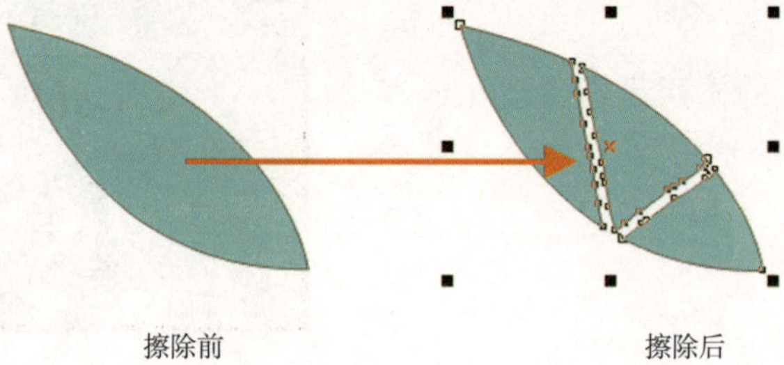

擦除前　　　　　　　　　　　　擦除后

图 3-3-13　擦除对象

3.3.4 缩放工具栏

1. 缩放工具

缩放工具 [🔍] 是缩小或放大视图时使用的工具。快捷键设置：F2 放大；F3 缩小；F4 显示工作页面内所有内容。

2. 手形工具

手形工具 [✋] 的作用是移动工作页面视图，主要用于查看特定区域。

3.3.5 曲线工具栏

1. 手绘工具

手绘工具 [✎] 的作用是通过鼠标控制一次性绘制线段和曲线，如图 3-3-14 所示。

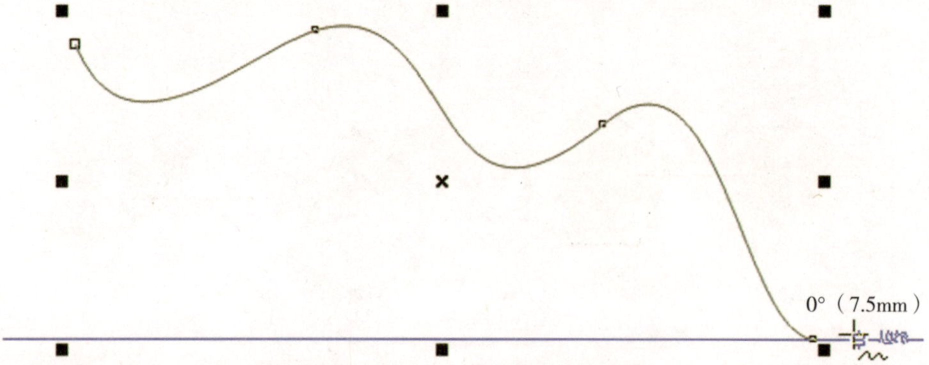

0°（7.5mm）

图 3-3-14　控制绘制线段和曲线

2. 贝赛尔工具

贝赛尔工具 的作用是通过调节曲线中的节点位置、节点的手柄来改变线条的外形，如图 3-3-15 所示。

3. 艺术笔工具

艺术笔工具 的作用是可以通过鼠标徒手画出具有体量感的线条，如图 3-3-16 所示。选择此工具后，绘制的效果可通过工作区上方的属性栏中预设效果 观看。其他工具分别为笔刷 、喷灌 、书法 、压力 。这些工具的效果可以通过后方的属性按钮进行控制。

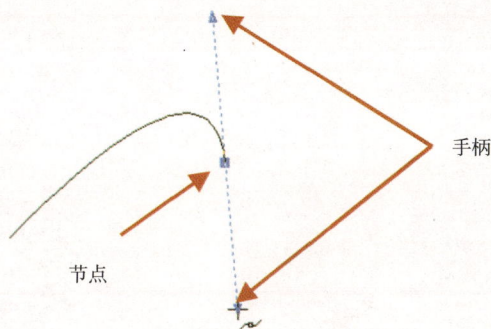

图 3-3-15　改变线条外形

图 3-3-16　绘制体量感线条

4. 钢笔工具

钢笔工具 的作用是通过定位节点和调节节点的手柄绘制线段，如图 3-3-17 所示。

5. 折线工具

折线工具 的作用是绘制直线线段或折线线段，如图 3-3-18 所示。

图 3-3-17　绘制线段

图 3-3-18　绘制折线线段

6.3 点曲线工具

3 点曲线工具 的作用是通过设置线段起点、终点而后拉伸线段中间部分，完成曲线的绘制，如图 3-3-19 所示。

7. 连接器

连接器 的作用是以软件预设的折线方式绘制线段，如图 3-3-20 所示。

8. 度量工具

度量工具 的作用是绘制垂直、水平、倾斜或者角尺度线，并作尺寸标识，如图 3-3-21 所示。

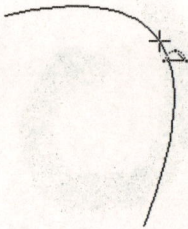

图 3-3-19　拉伸线段　　　　图 3-3-20　交互式连线　　　　图 3-3-21　度量工具的作用

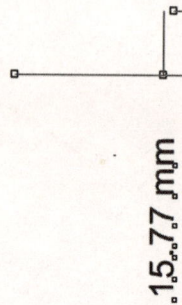

3.3.6　智能填充工具栏

1. 智能填充工具

智能填充工具 的作用是对选定的对象进行填充。同时此工具可以自动在工作区内检测到可以填充的闭合线段。

2. 智能绘图工具

智能绘图工具 的作用是将手绘线段转化为相对圆滑的形状或平滑曲线。

3.3.7　矩形工具栏

1. 矩形工具

矩形工具 的作用是绘制矩形的工具，以鼠标先定的点位置，以对角线的方向拉伸绘制矩形，如图 3-3-22 所示。具体用法将在第 5 章介绍。

2.3 点矩形 工具

3 点矩形工具 的作用是以矩形一边为起点进行拉伸绘制矩形，如图 3-3-23 所示。

图 3-3-22 绘制矩形 1

图 3-3-23 绘制矩形 2

3.3.8 椭圆形工具栏

1. 椭圆形工具

椭圆形工具 是绘制椭圆形的工具，以鼠标先定点的位置，以对角线的方向拉伸绘制椭圆形，如图 3-3-24 所示。

2. 3 点椭圆形工具

3 点椭圆形工具 的作用是以椭圆形的直径为起点进行拉伸绘制，如图 3-3-25 所示。

图 3-3-24 绘制椭圆形 1

图 3-3-25 绘制椭圆形 2

3.3.9 多边形工具栏

1. 多边形工具

多边形工具 ⬡ 用于绘制对称多边形，如图 3-3-26 所示。边数可以通过属性栏进行设置，边数越多越接近圆形，最大数目为 500。

2. 星形工具

星形工具 ☆ 用于绘制无交叉的对称星形，如图 3-3-27 所示。边数可以通过属性栏进行设置，边数越多越接近放射状，最大数目也为 500。

图 3-3-26 绘制多边形   图 3-3-27 绘制星形

3. 复杂星形工具

复杂星形工具 ⚙ 用于绘制有交叉部分的对称星形，如图 3-3-28 所示。边数可以通过属性栏进行设置，边数越多越接近放射状，最大数目为 500。

4. 图纸工具

图纸工具 ▦ 用于绘制近似表格的网格，如图 3-3-29 所示。此网格在标志设计规范制图时使用较多，也可以作为表格使用。

图 3-3-28 绘制复杂星形   图 3-3-29 绘制网格

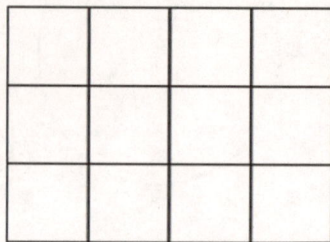

5. 螺纹工具

螺纹工具 用于绘制矢量对称式或对称式螺旋线，如图 3-3-30 所示。螺旋数量在属性栏可以进行设置。

3.3.10 完美形状工具栏

1. 基本形状工具

基本形状工具 用于绘制长方形、平行四边形等多种基本图形。图形的选择可以通过属性栏中"完美形状"按钮的下拉菜单进行选择，如图 3-3-31 所示。绘制的基本形状中的红色节点，用形状工具 可以进行调节，从而改变完美图形。

图 3-3-30　绘制小螺旋线

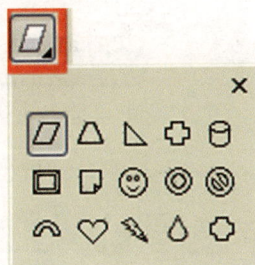

图 3-3-31　完美形状 1

2. 箭头形状工具

箭头形状工具 用于绘制不同形状、方向、头数的箭头。图形的选择可以通过属性栏中"完美形状"按钮的下拉菜单进行选择，如图 3-3-32 所示。绘制的基本形状中红色的节点，用形状工具 可以进行调节，从而改变完美图形，如图 3-3-33 所示。

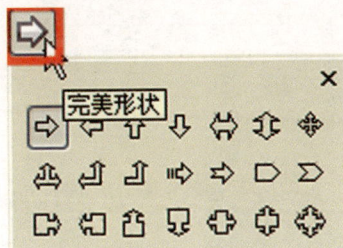

图 3-3-32　完美形状 2

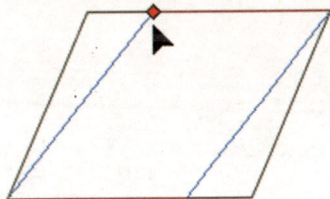

图 3-3-33　绘制红色节点

3. 流程图形状工具

流程图形状工具 用于绘制流程符号。图形的选择可以通过属性栏中"完美形状"按钮的下拉菜单进行选择。绘制的基本形状中的红色节点，用形状工具 可以进行调节，从而改变完美图形。

4. 标题形状工具

标题形状工具 用于绘制标题形状符号。图形的选择可以通过属性栏中"完美形状"按钮的下拉菜单进行选择，如图3-3-34所示。绘制的基本形状中的红色节点，用形状工具 可以进行调节，从而改变完美图形。

5. 标注形状工具

标注形状工具 用于绘制标注形状符号。图形的选择可以通过属性栏中"完美形状"按钮的下拉菜单进行选择，如图3-3-35所示。绘制的基本形状中的红色节点，用形状工具 可以进行调节，从而改变完美图形。

图 3-3-34　完美形状 3　　　　图 3-3-35　完美形状 4

3.3.11 文本工具

文本工具 字 是选择文本的工具，鼠标单击工作区页面内任意位置可以输入文字。若按住鼠标画方框则可以进行段落文本的输入，如图3-3-36所示。属性栏中有相应调节文本的字体、字号大小、排列方式等功能按钮，如图3-3-37所示。

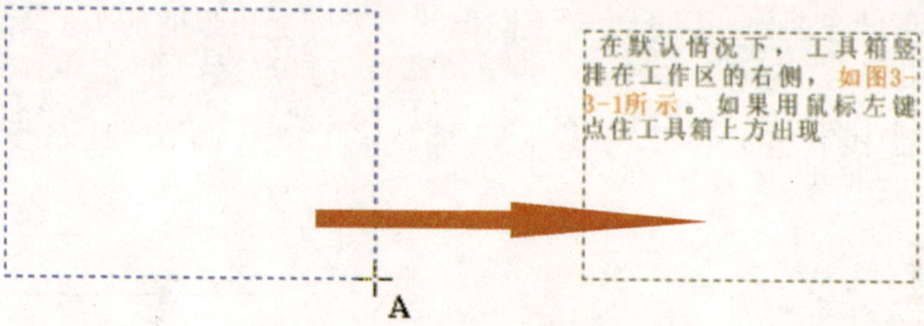

在默认情况下，工具箱整排在工作区的右侧，如图3-3-1所示。如果用鼠标左键点住工具箱上方出现

A

图 3-3-36　文本框输入

图 3-3-37　调节文本的功能按钮

3.3.12 表格工具

表格工具 用于输入表格。若调整网格功能，可以在属性栏进行操作，如图3-3-38所示。网格的绘制可以用于标志设计、标准化制图，或建立表格使用。

图 3-3-38　属性栏

3.3.13 交互式工具栏

1. 交互式调和工具

交互式调和工具 可以向内或向外调和两个对象，如图 3-3-39 所示。

2. 交互式轮廓图工具

交互式轮廓工具 可以向内或向外创建出两个对象的多个轮廓线，如图 3-3-40 所示。

图 3-3-39　调和对象

图 3-3-40　绘制轮廓线

3. 交互式变形工具

交互式变形工具 可以将对象进行多种变形，如推拉变形 、拉链变形 、扭曲变形 等，如图 3-3-41 所示。

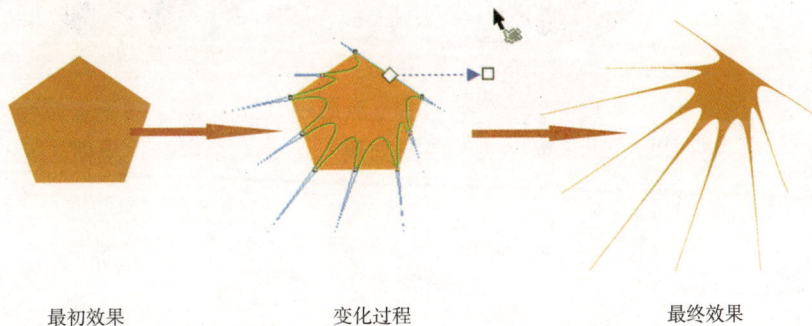

最初效果　　　　　　变化过程　　　　　　　　最终效果

图 3-3-41　对象变形

4. 交互式阴影工具

交互式阴影工具 可以产生各种形式的阴影，如图 3-3-42 所示。

5. 封套工具

封套工具 可以将封套内的对象，通过拖拽封套节点，从而改变对象形状，如图 3-3-43 所示。

图 3-3-42　产生阴影

最初效果　　　变化过程　　　最终效果

图 3-3-43　使用封套工具

6. 交互式立体化工具

交互式立体化工具 造就对象立体化形式，如图 3-3-44 所示。

7. 交互式透明工具

交互式透明工具 使绘制的对象产生各种透明或叠加效果 ，如图 3-3-45 所示。

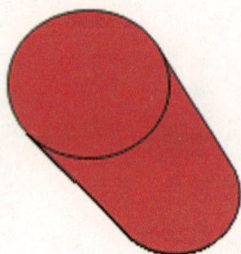

图 3-3-44　对象立体化

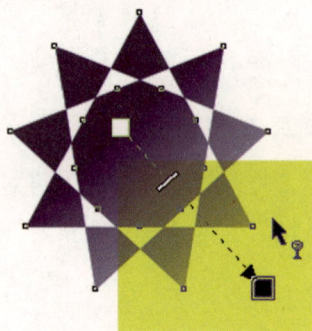

图 3-3-45　对象透明

3.3.14 滴管工具栏

1. 滴管工具

滴管工具 可以从工作区内任意区域直接选取色彩。

2. 颜料桶

颜料桶工具 用于填充工作区页面内对象的色彩。

3.3.15 轮廓工具栏

1. "轮廓笔"对话框

在选定对象的前提下,点击"轮廓笔"对话框 按钮。可以出现调整轮廓线一系列功能参数的对话框,如图 3-3-46 所示。

2. "轮廓颜色"对话框

在选定对象的前提下,点击"轮廓颜色"对话框 按钮。可以出现调整轮廓线色彩一系列功能参数的对话框,如图 3-3-47 所示。

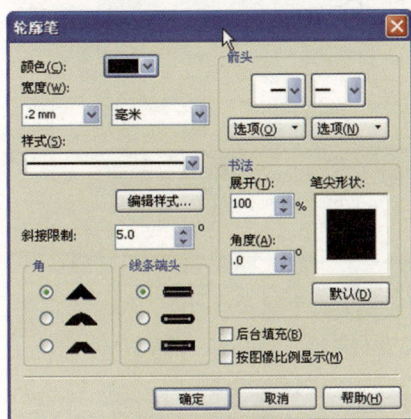

图 3-3-46 "轮廓笔"对话框

图 3-3-47 "轮廓颜色"对话框

3. 轮廓预设按钮

轮廓预设按钮 是软件自带的设置轮廓线颜色和粗细的工具。

3.3.16 填充工具栏

1. "均匀填充"对话框

"均匀填充"对话框 可以填充或改变选定对象的颜色,如图 3-3-48 所示。

2. "渐变填充"对话框

"渐变填充"对话框 用于以渐变色彩填充绘制的矢量图形,如图 3-3-49 所示。

3. "图样填充" 对话框

"图样填充" 对话框 以软件自带的或自定义的图案将绘制对象进行填充,如图 3-3-50 所示。

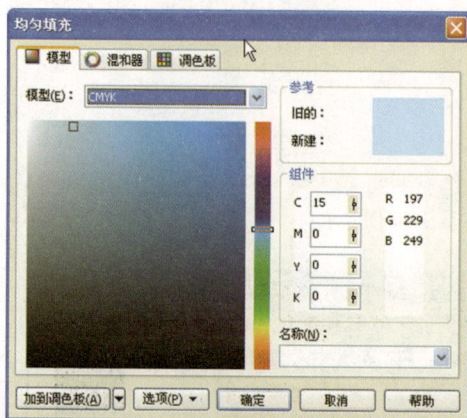

| 图 3-3-48 | "均匀填充" 对话框 | 图 3-3-49 | "渐变填充" 对话框 |

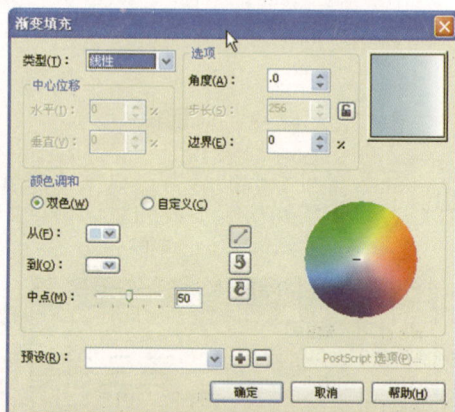

4. "底纹填充" 对话框

"底纹填充" 对话框 用于将预设底纹进行填充,如图 3-3-51 所示。

| 图 3-3-50 | "图样填充" 对话框 | 图 3-3-51 | "底纹填充" 对话框 |

5. "PostScript 底纹" 对话框

"PostScript 底纹" 对话框 以矢量图案填充对象,如图 3-3-52 所示。

6. 无填充

无填充 ⊠ 的作用是在保留对象轮廓线的前提下，将对象内部的所有填充进行删除。

7. "颜色"泊坞窗

"颜色"泊坞窗 ▦ 可以调整选定对象的内部色彩，如图 3–3–53 所示。包括颜色滑块、查看器和色板进行调整。

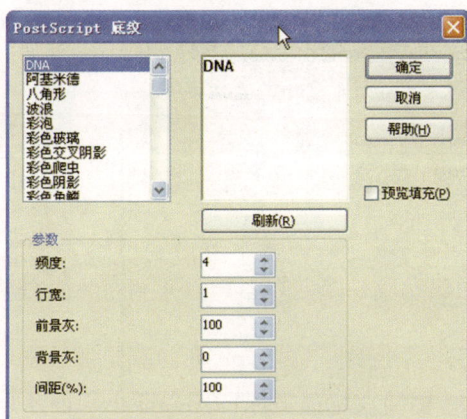

图 3–3–52　"PostScript 底纹"对话框　　图 3–3–53　　"颜色"对话框

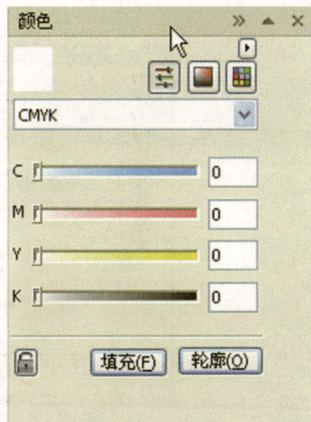

3.3.17　交互式填充工具栏

1. 交互式填充工具

交互式填充工具 ▨ 可以进行各种形式的填充。

2. 网状填充工具

网状填充工具 ▦ 的作用是在对象内部设立网格。网格节点上和格内均可以填充色彩。网格的经纬线可以任意添加或删除，经纬线越少添加色彩与原色彩的过渡效果越自然，反之则越生硬。如果追求绘制效果的真实细腻，网格内经纬线也就需要设立越多。

3.4 文件基本操作

3.4.1 新建文件

启动 CorelDRAW X4 程序后，点击"文件"的"新建"创建新文件执行菜单，或在 CorelDRAW X4 工具栏中单击"新建" ⬜ 按钮。

如果需要制作一些应用性较强的绘图文件，名片、证书等，可执行执行菜单"文件"的"从模板新建"，如图 3-4-1 所示。

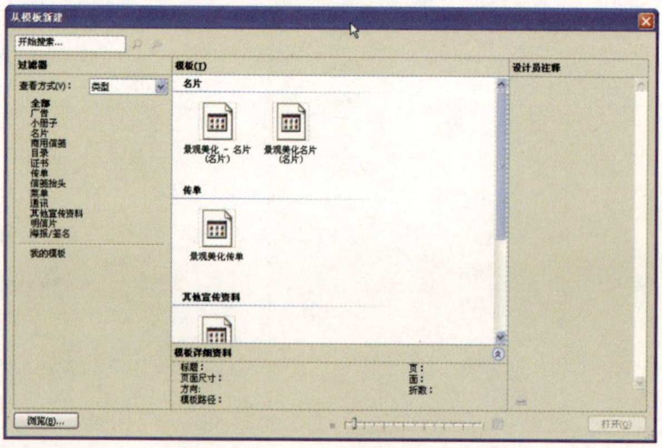

图 3-4-1　新建文件

3.4.2 打开文件

启动 CorelDRAW X4 程序后，打开文件执行菜单"文件"的"打开"，弹出"打开绘图"对话框，如图 3-4-2 所示。对话框中，可以在 查找范围(I): 部分进行操作，或在 文件名(N) 和 文件类型(T) 中查找要打开的文件。其中 ☑预览(P) 表示可以将选中的绘图以预览的方式呈现，然后单击 打开 按钮。或者直接在 CorelDRAW X4 工具栏中单击"打开"按钮 🗀，也可以进行此操作。

3.4.3 导入文件

若在 CorelDRAW X4 程序中，打开 CDR 和非 CMX 文件，或将 CDR 和非 CMX 转存为其他软件均可操作的格式，可以通过"导出"和"导入"命令完成。

导入文件的操作步骤如下：

（1）执行菜单"文件"的"导入"命令，弹出对话框，如图 3-4-3 所示。在对话框中，单击 ☑预览(P)，通过 查找范围(I、 文件名(N)、 文件类型(T) 进行文件查找。

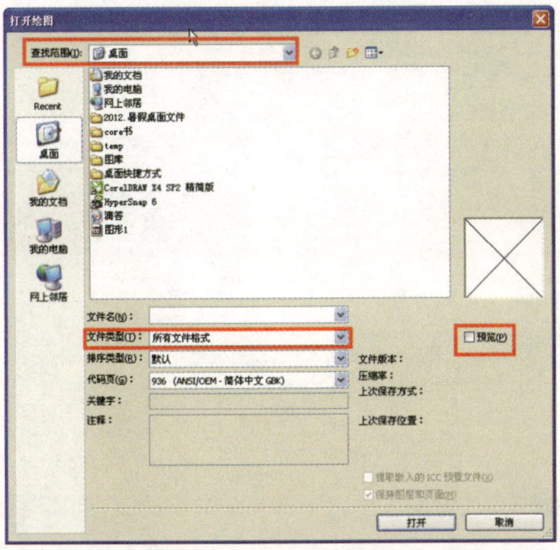

图 3-4-2 "打开绘图"对话框

图 3-4-3 "导入"对话框

（2）选择好文件后，单击 导入 按钮。当光标在工作区域中显示为 Mypsd_67366_20120 w:213.431 mm, h:2 时，点击页面即可完成导入，如图 3-4-4 所示。

图 3-4-4 导入完成

3.4.4 文件窗口之间切换

在绘制过程中，经常会打开多个文件进行操作。

切换操作步骤如下：

（1）单击工作界面右上角"还原"按钮 ，将文件处于还原状态，如图 3-4-5 所示。

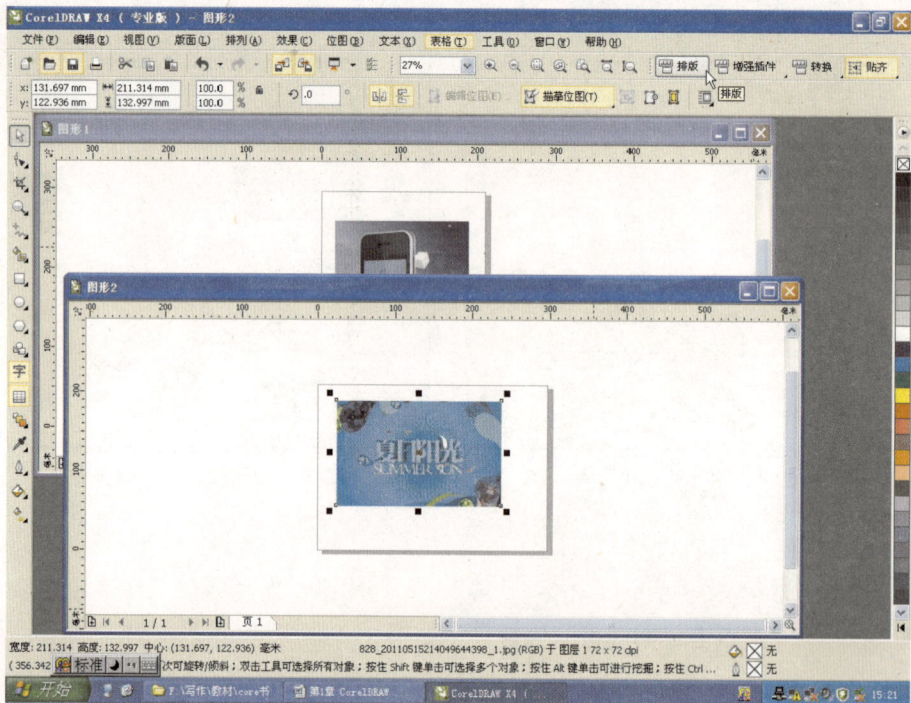

图 3-4-5　处于还原状态的文件

（2）单击即将编辑文件的名称部分，即可进行编辑，如图 3-4-6 所示。

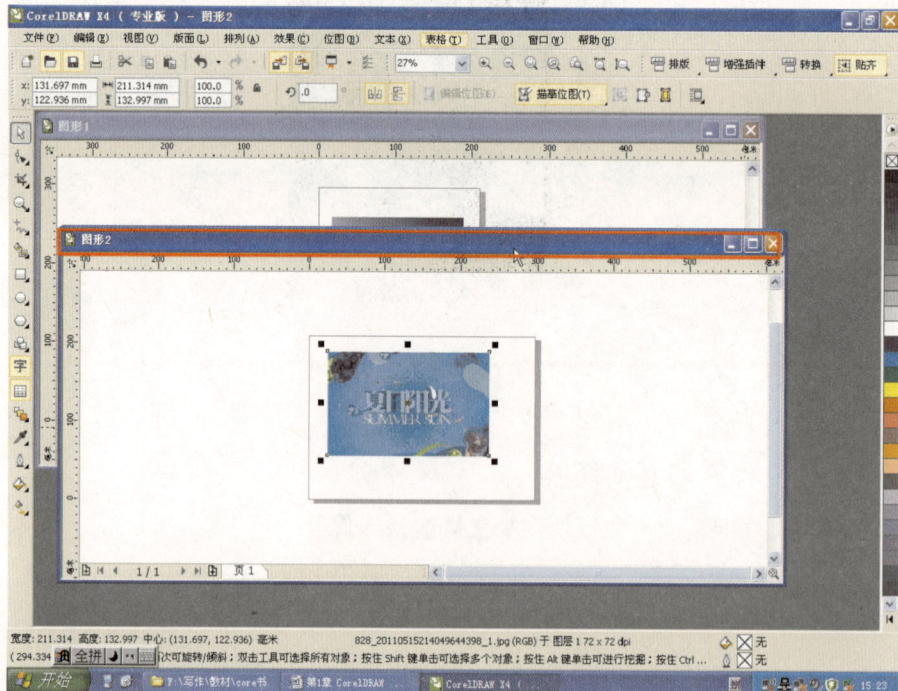

图 3-4-6　处于编辑状态的文件

3.4.5 保存文件

在绘图过程中，设计师一般都会不断将文件进行保存，避免因软件意外关闭而致使绘制的图形丢失。当图形全部绘制好后，也需要将文件进行保存。保存文件的操作方法有两种：

（1）执行菜单栏"文件"的"保存"命令，将弹出"保存绘图"对话框，在"保存"的下拉列表中选择保存的文件位置，如图 3-4-7 所示。CorelDRAW X4 程序默认的保存格式为 CDR。其他文件格式在保存类型的下拉列表中。设置完成后单击"保存"按钮，即可完成操作。

（2）单击标准工具栏中的"保存"按钮 🖫，弹出"保存绘图"对话框，其设置如上所述。

（2）当存储后的文件已经保存过一次后，再次执行菜单栏"文件"的"保存"命令，将不再弹出对话框，而直接覆盖原有文件进行存储。

（4）如果设计师想将已存储过的文件，再存储为另一文件。且在不覆盖原有文件的前提下，改变文件的存储格式或名称。可以执行菜单栏"文件"的"另存为"命令。

3.4.6 关闭文件

完成编辑后，关闭图形操作步骤如下：

（1）执行菜单栏"文件"的"关闭"命令，即可关闭文件，弹出关闭文件的对话框，如图 3-4-8 所示。若想再次存储可点击 是(Y) 按钮，反之则点击 否(N) 按钮。

图 3-4-7 "保存绘图"对话框　　　图 3-4-8 关闭文件的对话框

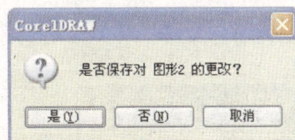

（2）直接单击工作界面右上角"关闭"按钮 ✕，可以关闭当时正在编辑的文件。

3.5　页面设置

在 CorelDRAW X4 程序中，用户可以根据个人的工作习惯定制工作区。此区域中的图形在打印时，可以显示。而页面外绘制的图形将不会被打印到图稿中。在制图前，首先将对页面的参数进行设置调整。

图 3-4-9　"选项"对话框

3.5.1　设置页面

1. 设置页面参数

在新建文件后，页面大小默认为 A4。页面的大小可以根据设计师的意向进行改变。页面设置的具体参数在属性栏进行操作。执行菜单"版面"的"页面设置"命令，弹出"选项"对话框可以进行操作，如图 3-4-9 所示。

页面的多项较为实用的设置按钮也显示在属性栏，如图 3-4-10 所示。

图 3-4-10　属性栏中的实用按钮

2. 切换页面方向

执行"版面"的"插入页"命令即可完成页面方向的切换。

在属性栏中，□□为页面方向设置按钮，根据设计师的自身需求可进行操作。

图 3-4-11　"插入页面"对话框

3.5.2　设置多页文档

在 CorelDRAW X4 程序中，可以支持多页文档。

1. 插入页面

执行"版面"的"插入页"命令，弹出"插入页面"对话框，如图 3-4-11 所示。其中可以设置插入页面的位置和纸张类型、大小等参数，或在工作区下方导航器中，通过 □ 按钮添加页面。

2. 删除页面

执行"版面"的"删除页面"命令，弹出"删除页面"对话框，如图 3-4-12 所示。将删除页面的数字填入即可。

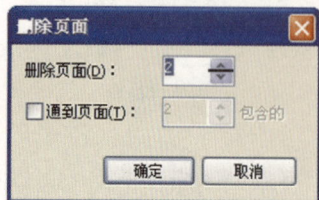

图 3-4-12　"删除页面"对话框

第4章 操作与管理对象

4.1 选择与复制

CorelDRAW 软件拥有强大的图形绘制和编辑功能，为设计师提供丰富设计效果的可能性。CorelDRAW X4 中绘制编辑制图工具的功能极其强大。人性化的功能界面极大地简化了设计过程。

4.1.1 选择对象

1. 选择一个对象

在 CorelDRAW X4 程序中，选择对象需要采用工具栏中的"挑选工具" ⬚。点击需要选取对象，当光标呈现为 ✛ ，表示已经选取对象，如图 4-1-1 所示。

2. 选择多个对象

按住 Shift 键，同时点击多个对象，多个对象将全被选取。或按住鼠标左键在工作页面内拖出一个可以包括全部选取对象的蓝色方框，如图 4-1-2 所示。

图 4-1-1 选取一个对象　　　　图 4-1-2 选取多个对象

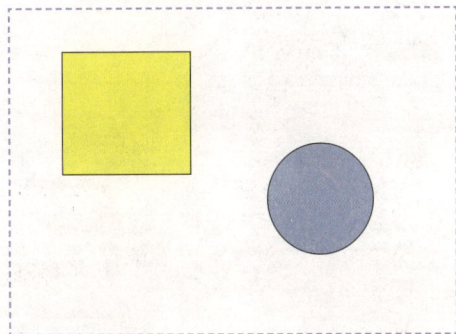

3. 选择所有对象

双击工具箱内的"挑选工具" ⬚，或按快捷键 Ctrl+A，可以选取除了锁定对象之外的工作界面中所有对象。执行菜单"编辑"的"全选"可以选择工作界面内所有对象。

4. 撤销选取对象

用鼠标点击选取对象最大界限之外的任意空白点，均可取消所有选取。

4.1.2 复制对象

在设计中经常会碰到绘制多个相同对象问题。复制对象是矢量绘图软件一个最基本的功能。在 CorelDRAW X4 程序中，复制对象的方法如下：

（1）在选取复制对象的前提下，执行菜单"编辑"的"复制"或快捷键Ctrl+C，再执行"编辑"的"粘贴"或快捷键为 Ctrl+ V 即可。

（2）选取复制对象，然后点击鼠标右键，执行"复制"命令，再执行"粘贴"命令，复制出的对象会覆盖在原选取对象的上面，将其移开。

（3）用鼠标左键点击选取对象后不松开，直接拖拽到预计的复制地点后，单击鼠标右键后释放。即可见复制的对象，如图 4-1-3 所示。

图 4-1-3　复制对象

执行菜单"窗口"的"泊坞窗"的"变换"的"位置"命令，弹出"变换"泊坞窗，如图 4-1-4 所示。在"变换"泊坞窗内，位置按钮 ✛、旋转按钮 ↻、缩放和镜像按钮 ◪、大小按钮 ▣、倾斜按钮 ◿，这些命令的窗口中均存在 █ 应用到再制 █ 按钮。此功能表示在实现位置移动、旋转、缩放和镜像、大小、倾斜等命令的基础上可以将选取对象进行精确再制，如图 4-1-5 所示。

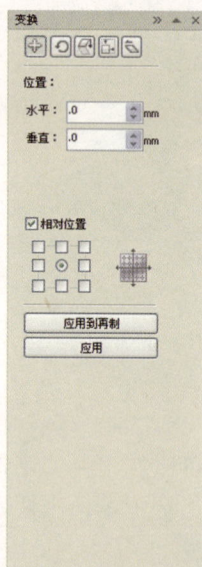

图 4-1-4　"变换"泊坞窗

图 4-1-5　精确再制

4.2 变　　换

变换主要是将对象在位置或者造型上进行一些改变。菜单"排列"的"变换"中包括位置、旋转、缩放和镜像、大小、倾斜五项功能。执行菜单"窗口"的"泊坞窗"的"变换"的"位置"命令，将弹出"变换"泊坞窗，如图 4-2-1 所示。在选定对象的情况下，泊坞窗中的参数均可进行调整，如图 4-2-2 所示。泊坞窗中有"相对位置"选项，如图 4-2-3 所示。此项指以最初选定对象为复制对象的参考物，进行复制。"相对位置"选项下九个可以点击选择的项指复制后对象与选定对象的关系位置，如图 4-2-4 所示。

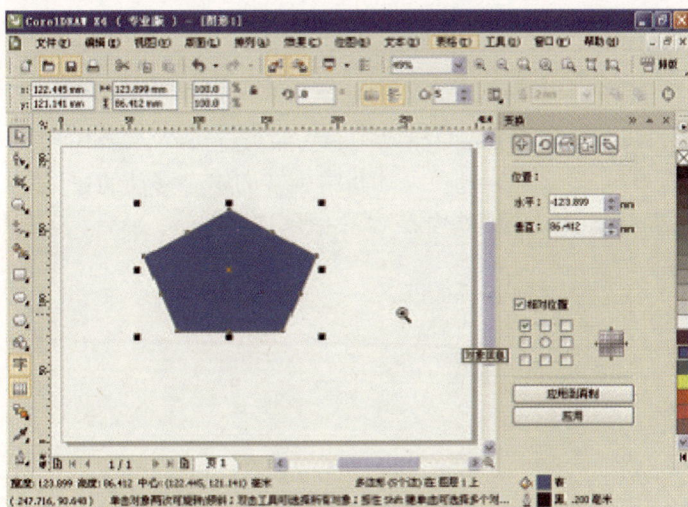

图 4-2-1 "变换"泊坞窗　　　　　　　图 4-2-2 参数调整

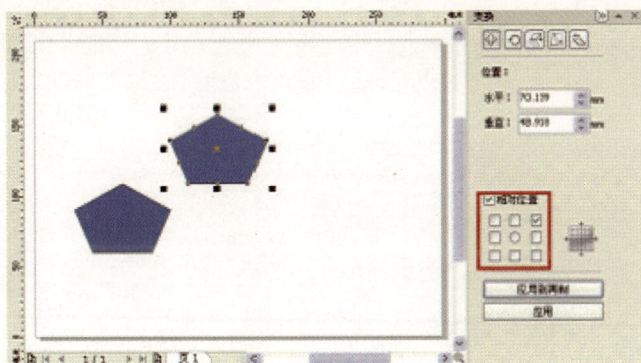

图 4-2-3 "相对位置"选项　　　　　图 4-2-4 "相对位置"的可选项

1. 位置按钮

位置按钮 ⊹：可以在水平或垂直位置上将对象进行移动并复制。操作示范：首先，选定对象，如图 4-2-5 所示；然后，设置泊坞窗中的参数，如图 4-2-6 所示；最后，完成移动并复制，如图 4-2-7 所示。

图 4-2-5　选定对象

图 4-2-7　完成复制 1

图 4-2-6　设置参数 1

2. 旋转按钮

旋转按钮 🔄：将对象以中心为原点进行旋转。图 4-2-8 中，"中心"选项中"水平"和"垂直"两选项，均指将旋转的中心移动的数值。操作示范：首先，选定对象；然后，设置泊坞窗参数，如图 4-2-8 所示；最后，旋转并复制效果，如图 4-2-9 所示。

图 4-2-8　设置参数 2

图 4-2-9　完成复制 2

3. 缩放和镜像按钮

缩放和镜像按钮 🔲："缩放"功能通过水平和垂直的比例设置；"镜像"功能包括"左右镜像" 🔲 和"上下镜像" 🔲 两个按钮，上下镜像与左右镜像的效果分别如图 4-2-10、图 4-2-11 所示。

4. 大小按钮

大小按钮 🔲：可以精确扩大或缩小对象，如图 4-2-12 所示。

图 4-2-10　上下镜像　　　图 4-2-11　左右镜像　　　图 4-2-12　扩大与缩小

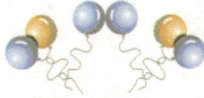

5. 倾斜按钮

倾斜按钮 ⬚：可以将对象进行倾斜设置，泊坞窗内有倾斜角度和方向的设置，如图 4-2-13 所示。

图 4-2-13　倾斜对象

4.3　锁定和群组对象

4.3.1　锁定对象

在软件操作中，设计师有时会遇到绘制图形时不小心将之前已经绘制好的图形破坏或使之发生位移的情况。解决这个麻烦的方法就是将已经编辑好的图形进行锁定。这样后面无论怎么绘制图形也不会破坏之前的图像了。

操作方法：选择需要锁定的对象，执行菜单"排列"的"锁定对象"命令，如图 4-3-1 所示。即可将对象锁定，如图 4-3-2 所示。取消锁定需执行菜单"排列"的"解除锁定对象"命令，如图 4-3-3 所示。菜单"排列"的"解除全部锁定对象"命令，指取消在工作区内全部被锁定的对象。

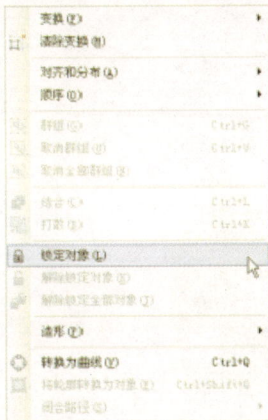

图 4-3-1　选择锁定命令　　　图 4-3-2　锁定对象　　图 4-3-3　选择"解除锁定对象"

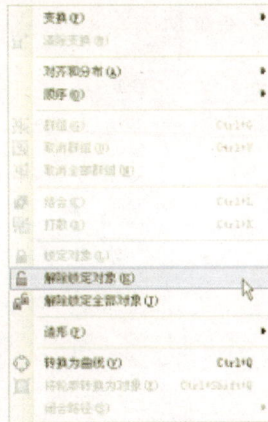

4.3.2 群组对象

在设计过程中，如果图形组成部分较多，可以将图形的所有部分进行锁定，方便移动或复制。

操作方法：按住 Shift 键，选取需要群组的对象，执行菜单"排列"的"群组"命令，如图 4-3-4 所示，即可将对象群组。取消锁定需要执行菜单"排列"的"取消群组"命令，如图 4-3-5 所示。菜单"排列"的"取消全部群组"命令，如图 4-3-6 所示。

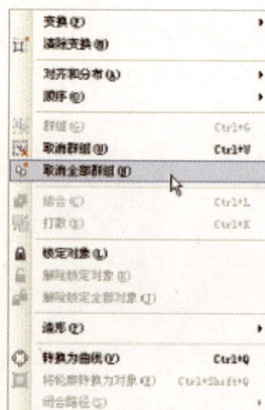

图 4-3-4　选择"群组"命令　　图 4-3-5　选择"取消　　图 4-3-6　选择"取消全
群组"命令　　　部群组"命令

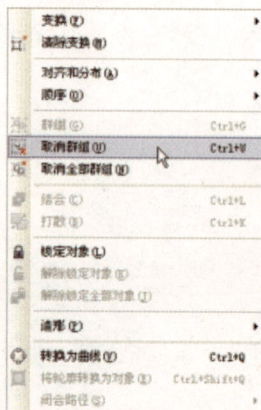

4.4　结合与拆分对象

4.4.1 结合对象

当绘制多个对象组成一个物体时，可以将其进行结合，便于后期的色彩调整。

操作方法：选定需要结合的两个对象，执行菜单"排列"的"结合"命令，如图 4-4-1 所示。两个对象结合为一个对象后，这个对象具有完整的轮廓形，如图 4-4-2 所示。

图 4-4-1　选择"结合"命令　　图 4-4-2　对象结合

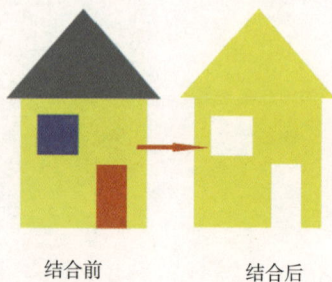

4.4.2 拆分对象

（1）结合后的对象可以执行菜单"排列"的"打散曲线"命令，如图 4-4-3 所示。

（2）用刻刀工具可以可从对象边缘开始刻画拆分，刻刀画过的痕迹即可以拆分出来。如图 4-4-4 所示。

（3）文本也可以进行"拆分"。其拆分顺序为：行、单个字、字组成部分单体，如图 4-4-5 所示。

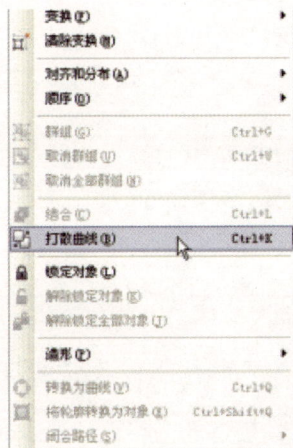

图 4-4-3　选择"打散曲线"命令　　　图 4-4-4　图片拆分　　　图 4-4-5　文本拆分

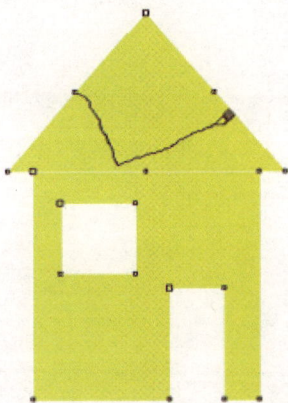

4.5　对齐与分布对象

在设计过程中，尤其是在做样本等作品时，非常需要将一些对象摆放整齐，令视图达到美观、整齐的效果。CorelDRAW 软件就提供了这种便捷化操作命令。

4.5.1 对齐对象

对齐对象是将工作区内对象位置规整化的工具。"对齐"命令可以使对象之间相互对齐，也可以使对象与网格或页面各部分，如顶点、边缘、中心点部分进行对齐。"对齐"命令包括左对齐、右对齐、顶对齐、底对齐、水平对齐、垂直对齐六种对齐方式。

执行菜单"排列"的"对齐与分布"命令，如图 4-5-1 所示，或者点击属性栏中"对齐与分布"按钮，将弹出对话框，如图 4-5-2 所示。在对话框中，设计师可以根据自己的需求选择对齐方式，效果如图 4-5-3 所示。

图 4-5-1 "对齐与分布"命令　图 4-5-2 "对齐与分布"对话框1　图 4-5-3 对齐效果

"对齐"命令的对齐参考物是按照选择或创建顺序，以最后选定的对象为参考物进行对齐。如果是用鼠标画框作为选定对象，将以最后创建的对象为对齐参考物。

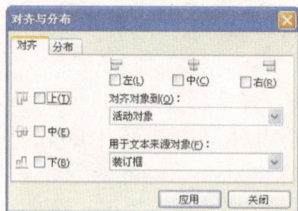

图 4-5-4 贴齐命令栏

工具栏上方的 贴齐 按钮中下拉列表，也可以进行对齐操作。其中包括多项命令，如图4-5-4所示。

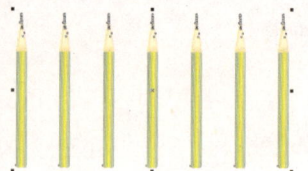

图 4-5-5 贴齐网格

1.贴齐网格

贴齐网格指在移动过程中，对象的位置将向离其最近的网格位置靠拢对齐，如图 4-5-5 所示。

2.贴齐辅助线

贴齐辅助钱指在移动过程中，对象的位置将向离其最近的辅助线对齐，如图 4-5-6 所示。

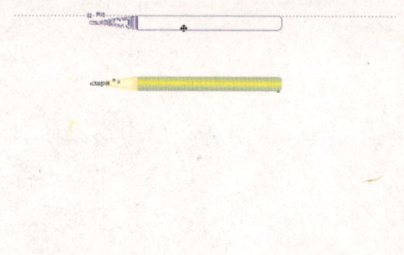

图 4-5-6 贴齐辅助钱

3.贴齐对象

贴齐对象指使用"对齐"命令后，在移动过程中的对象在遇到其他物体时，将与其边缘或节点为参考进行靠拢对齐，如图 4-5-7 所示。

4.动态导线

动态导线指在移动过程中，对象遇到动态导线，将向其对齐。

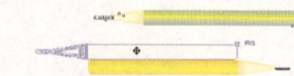

图 4-5-7 贴齐对象

4.5.2 分布对象

"分布"命令指自动将对象进行位置调控,其与"对齐"命令共用一个对话框,如图4-5-8所示。选择菜单"排列"的"对齐与分布"命令,在属性栏中可以出现"分布"页面,可以选择分布的方式,如图4-5-9所示。

图 4-5-8 "对齐与分布"对话框 2

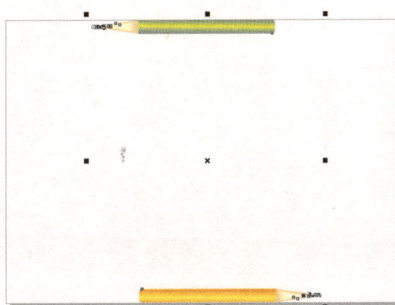

图 4-5-9 分布的方式

4.6 对象的顺序

在 CorelDRAW X4 软件中,当多个图形重叠时,默认的选取方式为点击选择最上层图形,也就是最后编辑的图形。所以在工作区域中,多个图形重叠出现时,或将绘制的图形作为背景时,需要将其位置放于一些图形的下面,就可以使用"排序"命令。

执行"排序"菜单的"顺序",下拉列表如图4-6-1所示。其中列出九个排序命令,可以有效改变图形的排序位置。

图 4-6-1 排序命令

第 5 章 绘制图形

5.1 矩形工具

在制作作品过程中，矩形是绘制频率很高的图形。在 CorelDRAW 软件的工具箱中，"矩形工具"和"3 点矩形工具"均可用于绘制矩形。它们可以绘制出各种类型比例的矩形。

5.1.1 "矩形工具"绘制矩形

选择工具箱中"矩形工具"。当光标显示为 ⌐□ 时，在页面上点住鼠标左键向对角线方向进行拖拽，至适当大小后，释放鼠标，即绘出矩形，如图 5-1-1 所示。按住 Shift 键绘制矩形时，绘制方式是从中心开始向外拖拽，如图 5-1-2 所示。

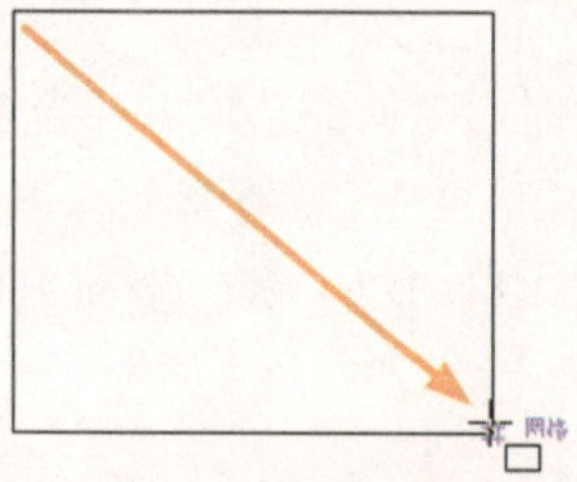

图 5-1-1　矩形的绘制 1 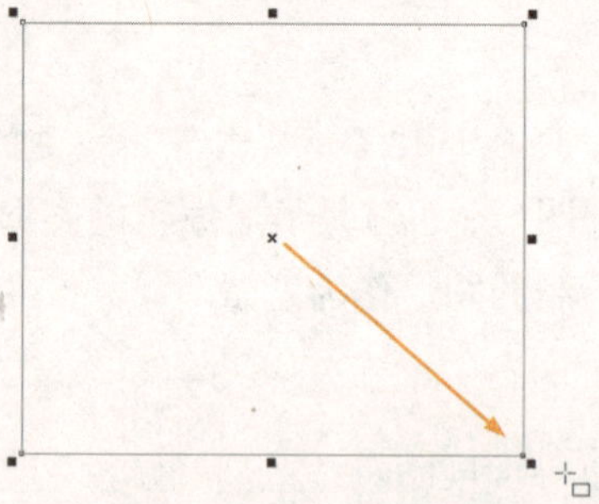　　　　　　　　图 5-1-2　矩形的绘制 2

双击工具箱内"矩形工具"可以绘制出一个与工作页面大小相等的矩形。

绘制矩形后，属性栏为如图 5-1-3 所示。在属性栏中，将显示绘制矩形的大小、位置等各项参数。利用这些参数可以对绘制的矩形进行精确调整。

图 5-1-3　显示相关参数的属性

在绘制矩形时，按住 Ctrl 键，可绘制出正方形，如图 5-1-4 所示，拖拽鼠标方向是对角线。若同时按住 Ctrl+Shift 键，拖拽鼠标方向是中心向外，如图 5-1-5 所示。

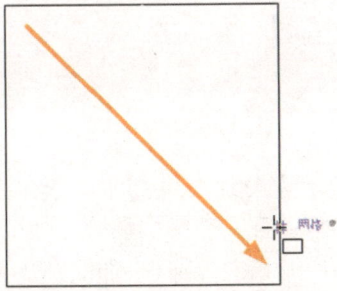

图 5-1-4　正方形的绘制 1　　　　　　图 5-1-5　正方形的绘制 2

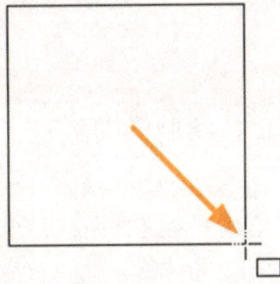

圆角矩形的绘制方式：绘制一个矩形，并保持选定状态。选择工具箱中"形状工具"。在矩形一个顶点的节点上进行移动，如图 5-1-6 所示。其矩形的四个角均可变为圆角，如图 5-1-7 所示。或绘制矩形后，在其属性栏中有四个角的角度选项，可以通过修改数值实现精确绘制，如图 5-1-8 所示。

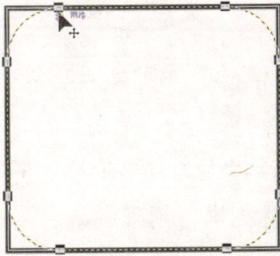

图 5-1-6　绘制圆角矩形　　　　　　图 5-1-7　圆角矩形的绘制效果

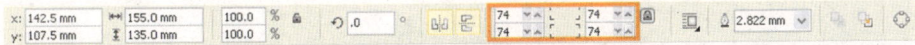

图 5-1-8　通过修改数据绘制圆角矩形

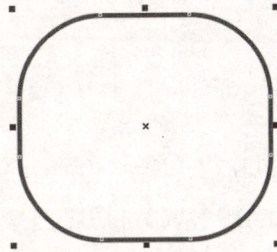

5.1.2　用"3 点矩形工具"绘制矩形

选择工具箱中"3 点矩形工具"。当光标显示为时，在页面上按住鼠标左键确定绘制矩形的起点，即第一顶点，后移动至合适的矩形水平或垂直另一顶点时，即第二顶点，图 5-1-9 所示。释放鼠标，后拖动鼠标在合适的第三顶点位置上点击鼠标即可，如图 5-1-10 所示。

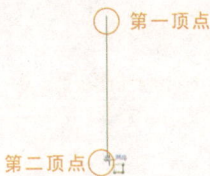

图 5-1-9　确定两个顶点　　　　　　图 5-1-10　确定三个顶点

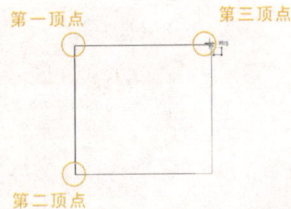

5.2 椭圆形工具

5.2.1 绘制椭圆

选择工具箱内"椭圆形工具"。当光标显示为 ┼◦ 时，在页面上点住鼠标左键向对角线方向进行拖拽，至适当大小后，释放鼠标，即绘出椭圆，如图 5-2-1 所示。按住 Shift 键绘制椭圆时，绘制方式是从中心开始向外拖拽，如图 5-2-2 所示。

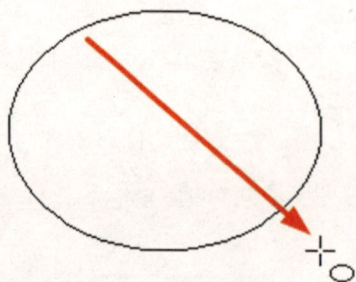

图 5-2-1　椭圆的绘制 1

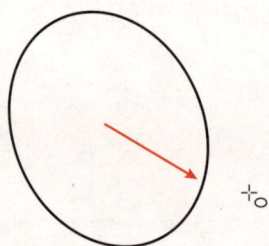

图 5-2-2　椭圆的绘制 2

绘制椭圆后，属性栏为如图 5-2-3 所示。在属性栏中，将显示绘制椭圆的大小、位置等各项参数。利用这些参数可以对绘制的椭圆进行精确调整。

图 5-2-3　通过参数调整椭圆

选择工具箱中"3 点椭圆工具"。当光标显示为 ┼◦ 时，在页面上按住鼠标左键确定绘制椭圆的起点，后移动至合适的顶点时，如图 5-2-4 所示。释放鼠标，后拖动鼠标确定第三点即可点击鼠标，如图 5-2-5 所示。

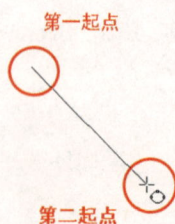

第一起点

第二起点

可以进行调整的第三点

图 5-2-4　确定两个点

图 5-2-5　确定第三个点

5.2.2 绘制正圆

绘制椭圆形时，按住 Ctrl 键，以对角线方向绘制正圆，如图 5-2-6 所示。按住 Ctrl+Shift 键，可以从圆心向外方向绘制正圆，如图 5-2-7 所示。

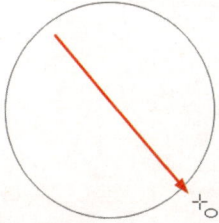

图 5-2-6　正圆的绘制 1　　　　　　图 5-2-7　正圆的绘制 2

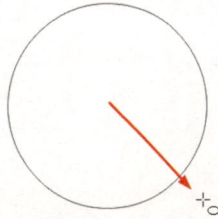

5.2.3 绘制饼形

选择"椭圆形工具"，点击属性栏中饼形按钮，即可绘制饼形，如图 5-2-8 所示。属性栏中起点和结束角度的调整栏，如图 5-2-9 所示。调整期中的数值，可改变饼形上下边的角度。属性栏中顺时针 / 逆时针饼形或弧线按钮可以用来以顺时针或逆时针的角度绘制饼形，如图 5-2-10 所示。

图 5-2-8　饼形的绘制 1

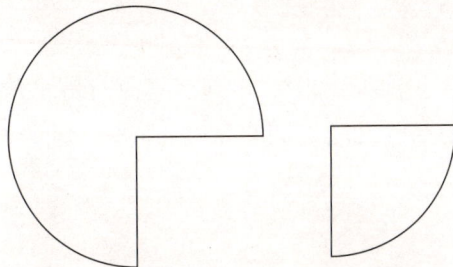

图 5-2-9　调整栏 1　　　　　　图 5-2-10　饼形的绘制 2

5.2.4 绘制弧线

选择"椭圆形工具",点击属性栏中弧线按钮 ⟨○⟩,即可绘制弧线,如图 5-2-11 所示。属性栏中起点和结束角度的调整栏,如图 5-2-12 所示,调整其中的数值,可改变弧线上下边的角度。

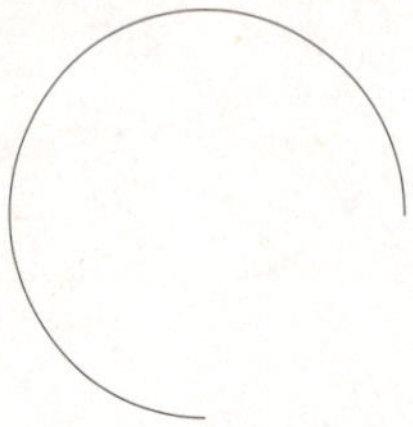

⟨ .0	▼ ▲	○
⟨ 270.0	▼ ▲	○

图 5-2-11　弧线的绘制 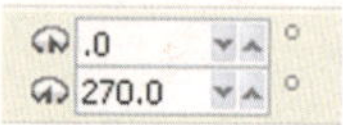　　　　图 5-2-12　调整栏 2

5.3　多边形与星形工具

5.3.1 绘制多边形

在 CorelDRAW X4 软件默认状态下,"多边形"工具用来绘制五边形。

选择工具箱中"多边形工具",当光标显示为 ┼◇ 时,在页面上点住鼠标左键沿对角线方向进行拖拽,至适当大小后,释放鼠标,即绘出多边形,如图 5-3-1 所示。按住 Shift 键绘制多边形时,绘制方式是从中心开始向外拖拽,如图 5-3-2 所示。

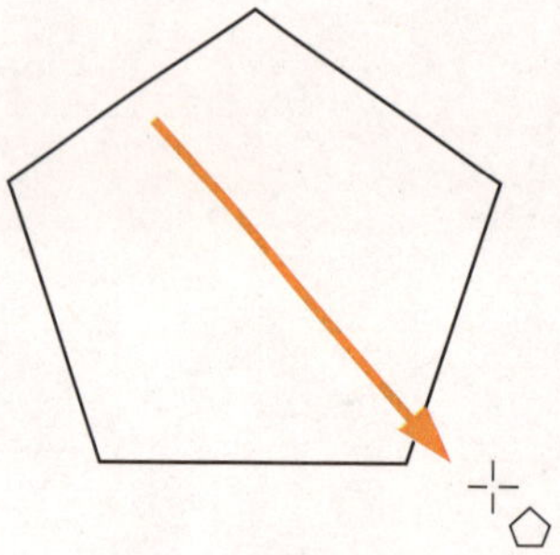

图 5-3-1　多边形绘制 1 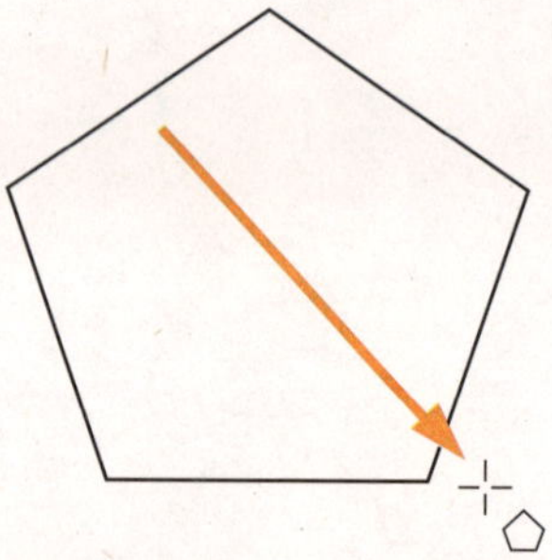　　　　图 5-3-2　多边形绘制 2

绘制多边形时,按住 Ctrl 键,可以对角线方向绘制正五边形,如图 5-3-3 所示。按住 Ctrl+Shift 键,可以从圆心向外方向绘制正五边形,如图 5-3-4 所示。

图 5-3-3　正五边形的绘制 1　　　　　图 5-3-4　正五边形的绘制 2

　　绘制多边形后，属性栏为如图 5-3-5 所示。在属性栏中，将显示绘制多边形的大小、旋转角度等各项参数。利用这些参数可以对绘制的多边形进行精确调整。调整多边形的角度可以通过调整多边形点数或边数参数，如图 5-3-6 所示。调整效果如图 5-3-7 所示。点数设置越多多边形越接近圆形。

图 5-3-5　绘制多边形后的属性

9 点　　　　　　　15 点

图 5-3-6　调整点数或边数　　　　　图 5-3-7　调整效果

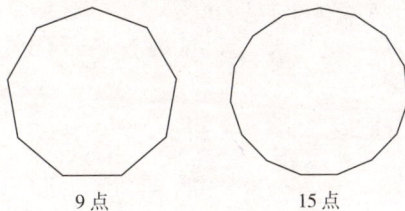

5.3.2　绘制星形

　　在 CorelDRAW X4 软件默认状态下，"星形"工具用来绘制五角星。

　　选择工具箱中"星形工具"，当光标显示为　时，在页面上点住鼠标左键沿对角线方向进行拖拽，至适当大小后，释放鼠标，即绘出星形，如图 5-3-8 所示。按住 Shift 键绘制星形时，绘制方式是从中心开始向外拖拽，如图 5-3-9 所示。

图 5-3-8　五角星的绘制 1　　　　　图 5-3-9　五角星的绘制 2

绘制多边形时，按住 Ctrl 键，以对角线方向绘制正五角星，如图 5-3-10 所示。按住 Ctrl+Shift 键，可以从圆心向外方向绘制正五角星，如图 5-3-11 所示。

图 5-3-10　正五角星的绘制 1　　　　　图 5-3-11　正五角星的绘制 2

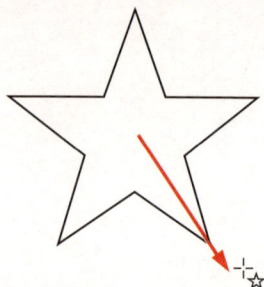

绘制星形后，属性栏为如图 5-3-12 所示。在属性栏中，将显示绘制星形的大小、旋转角度等各项参数。利用这些参数可以对绘制的星形进行精确调整。调整星形的点数可通过调整属性栏中星形点数或边数参数，如图 5-3-13 所示。调整星形每个角的角度，可以通过属性栏设置，如图 5-3-14 所示。

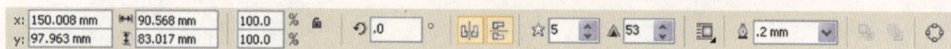

图 5-3-12　通过设置属性栏调整星形角度

图 5-3-13　调整星形点数或边数　　　　　图 5-3-14　调整星形角度

5.4　图纸工具

在 CorelDRAW X4 中，使用"图纸工具" ，可以绘制不同行数、列数的网格。网格的行数和列数可以通过属性栏进行参数调整，如图 5-4-1 所示。软件默认绘制网格参数为三行四列的矩形网格，如图 5-4-2 所示。

图 5-4-1　网格属性栏　　　　　图 5-4-2　三行四列的网格

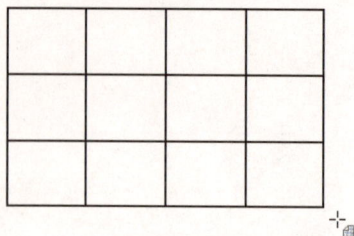

在 CorelDRAW X4 中，绘制网格的同时，按 Shift 键可从中心向外拓展网格图形，如图 5-4-3 所示。按 Ctrl 键可以绘制正方形网格，如图 5-4-4 所示。

图 5-4-3 拓展网格　　　　　　　　　图 5-4-4 正方形网格

5.5 螺纹工具

在 CorelDRAW X4 中，使用"螺纹工具" ，可以绘制不同螺旋数可以通过属性栏中进行参数调整，如图 5-5-1 所示。软件默认螺旋参数为四。

在 CorelDRAW X4 中，绘制螺旋时，按 Ctrl 键可以绘制正螺旋，如图 5-5-2 所示。

图 5-5-1 螺旋数属性栏　　　　　图 5-5-2 正螺旋的绘制

5.6 完美形状工具

在 CorelDRAW X4 的工具箱中，完美形状工具栏内，包括众多基本工具，如图 5-6-1 所示。

5.6.1 绘制基本形状

单击工具箱"基本形状"工具按钮，单击属性栏中的"完美形状"按钮，下拉列表中有各种可选择的形状，如图 5-6-2 所示。绘制效果如图 5-6-3 所示。

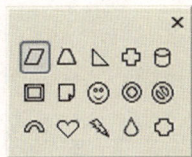

图 5-6-1 基本工具　　图 5-6-2 完美形状　　图 5-6-3 部分"完美形状"的绘制效果

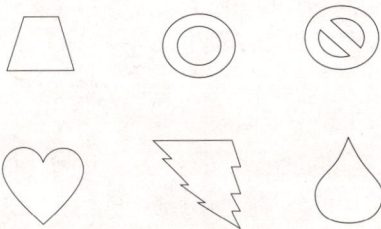

5.6.2 调整基本形状

工具箱中"形状工具" 可以调节绘制基本形状的节点,从而改变图形外形,如图 5-6-4 所示。

图 5-6-4 改变图形外形

5.7 智能绘图工具

"智能绘图工具" 能自动识别许多图形形状,从而进行绘制。通过属性栏可以调整相关参数,如图 5-7-1 所示。

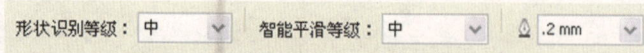

图 5-7-1 调整智能绘图工具的属性

5.8 实例练习——绘制铅笔

具体操作如下:

(1)新建文件,执行菜单"文件"的"新建",CorelDRAW X4 软件默认类型为 A4。

(2)选择"矩形工具" ,画一个矩形,长 110mm,宽 10mm,如图 5-8-1 所示。绘制效果如图 5-8-2 所示。

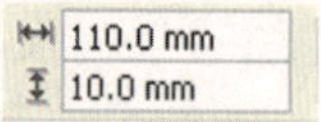

图 5-8-1 设置长、宽

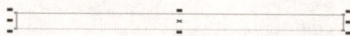

图 5-8-2 绘制效果 1

(3)用"挑选工具" 选中绘制的矩形。在属性栏中将矩形的四个角的角度都设定为 26,如图 5-8-3 所示,绘制效果如图 5-8-4 所示。

图 5-8-3 设置角度

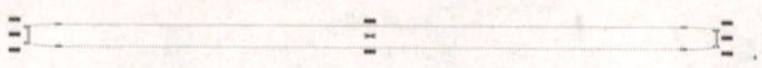

图 5-8-4 绘制效果 2

（4）选中绘制圆角的矩形，点击渐变填充对话框■。在对话框中，类型选择"线形"。颜色调和选择"自定义"。用鼠标点击色条上面的滑块，选中状态为黑色。选中左边的第一个色块，在颜色调板中选择橘红，如图5-8-5所示。在滑块中央部位双击，将出现一个黑色的三角形，在颜色调板中选择黄色，如图5-8-6所示。选中右边色块，在颜色调板中选择橘红，如图5-8-7所示。角度选择90度如图5-8-8所示。点击渐变填充对话框中"确定"按钮。绘制效果如图5-8-9所示。鼠标右键在调色板无色色块点击，将色块的轮廓线去掉，铅笔的笔身就做好了，如图5-8-10所示。

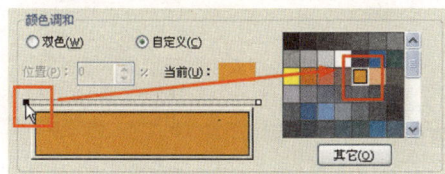

图 5-8-5　选择橘红 1

图 5-8-6　选择黄色

图 5-8-7　选择橘红 2

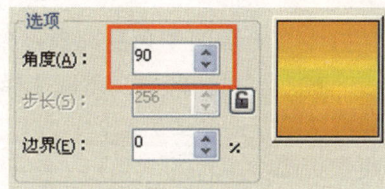

图 5-8-8　选择角度

图 5-8-9　绘制效果

图 5-8-10　绘制完的铅笔笔身

（5）选择"多边形工具"，在属性栏中将多边形点数设置为3，如图5-8-11所示。在页面中绘制一个三角形，宽8.706mm、高28.75mm，如图5-8-12所示。绘制效果如图5-8-13所示。在属性栏中旋转角度输入270度，如图5-8-14所示。绘制效果如图5-8-15所示。

图 5-8-11　设置点数

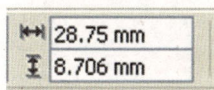

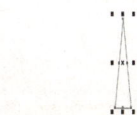

图 5-8-12　设置宽、高　图 5-8-13　笔尖的效果　图 5-8-14　旋转角度　图 5-8-15　旋转后的效果

（6）选中绘制三角形，点击渐变填充对话框█。在对话框中，类型选择"线形"。颜色调和选择"自定义"。色条上面的滑块左边和右边的色块，在颜色调板中选择深黄，如图5-8-16所示。在滑块中央部位黑色的三角形，在颜色调板中选择淡黄，如图5-8-17所示。角度选择90度，点击渐变填充对话框中"确定"按钮，绘制效果如图5-8-18所示。鼠标右键在调色板无色色块点击，将色块的轮廓线去掉。铅笔的笔头部分如图5-8-19所示。

图5-8-16　选择深黄

图5-8-17　选择淡黄

图5-8-18　旋转90度

图5-8-19　绘制完成的效果

（7）用"矩形工具"□，画一个矩形，长10mm，宽2mm，如图5-8-20所示。在属性栏中将矩形四个角的圆滑度都设为100，如图5-8-21所示。点击渐变填充对话框█。在对话框中，类型选择"线形"。颜色调和选择"自定义"。色条上面的滑块最左边和最右边的色块，在颜色调板中选择黑色，如图5-8-22所示。在滑块中央部位黑色的三角形，在颜色调板中选择50%黑，角度选择90度，点击渐变填充对话框中"确定"按钮，鼠标右键在调色板无色色块点击，将色块的轮廓线去掉。铅笔的笔尖部分如图5-8-23所示。

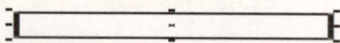

图5-8-20　绘制矩形

图5-8-21　绘制圆角矩形

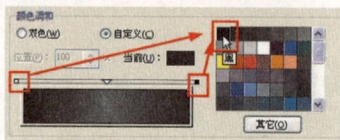

图5-8-22　选择黑色

图5-8-23　笔尖效果

（8）将笔身、笔头、笔尖三个部分都选中，执行菜单"排列"的"对齐"的"水平中心对齐"命令，如图5-8-24所示。按住Ctrl键，用"挑选工具"▯将笔头和笔尖逐步与笔身安装妥帖，如图5-8-25所示。执行菜单"排列"的"群组"命令。

（9）最终效果如图5-8-26所示。

图5-8-24　对齐

图5-8-25　安装

图5-8-26　最终效果

第6章 绘制曲线

6.1 手绘工具

CorelDRAW 软件绘制曲线的功能非常强大，且工具众多。"手绘工具" ⊞ 是最基本的绘制折线和几何图形的工具。

具体操作：

（1）单击工具箱内"手绘工具"按钮 ⊞ ，当光标变为 ⁺ⵗ 时，在页面上点击即开始绘制。当鼠标移至适当的位置进行点击如图 6-1-1 所示。

图 6-1-1　绘制线段

（2）当一次绘制完成后，可以在之前线段的终点部位，光标变为 ⁺⤻ 时，点击鼠标即继续进行绘制。

（3）属性栏中有调整手绘曲线的各项参数，如图 6-1-2 所示。其中线段的长短和方向均可进行调节。图 6-1-3 是线段起点、中间和终点部分可选择不同的粗细和箭头的种类。具体展示如图 6-1-4 至图 6-1-6。"自动闭合曲线"按钮 ⊡ 可以将绘制的曲线自动闭合，如图 6-1-7 所示。

图 6-1-2　手绘曲线的属性栏　　　　图 6-1-3　选择线段

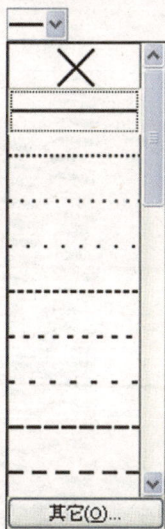

图 6-1-4　具体展示 1　　　　图 6-1-6　具体展示 3

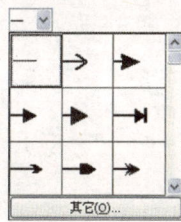

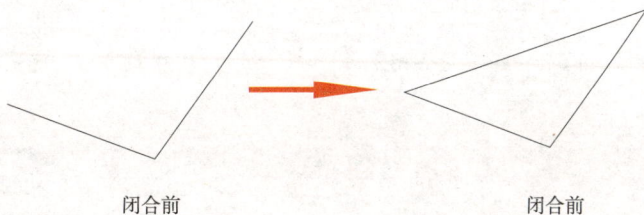

图 6-1-5　具体展示 2

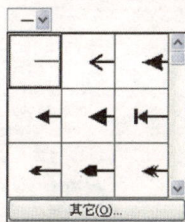

闭合前　　　　　　　　　　　闭合前

图 6-1-7　自动闭合曲线

6.2 贝塞尔工具

"贝赛尔工具" 适合绘制较为复杂的曲线图形。

其方法较为简单，具体操作：

（1）选择工具箱内"贝赛尔工具"，光标显示为就可以开始绘制图形，如图6-2-1所示。节点为鼠标点击的地方，控制手柄可以调节曲线的形态。"形状工具" 可以控制节点和控制手柄。

图6-2-1　绘制图形

（2）当一次绘制完成后，可以在之前线段的终点部位，光标变为时，点击鼠标即继续进行绘制。

6.3 艺术笔工具

在"艺术笔工具"，可以绘制出具有体量感的线条或图案。此工具的属性栏中包括预设效果、笔刷、喷灌、书法、压力。这些工具的效果可以通过后方的属性按钮进行控制。

1. "预设效果"按钮

用鼠标在页面中进行点击，按住鼠标进行移动，至适合地点释放鼠标，即可见图形，如图6-3-1所示。"预设效果"工具绘制的图形均为闭合图形可以填充颜色，如图6-3-2所示。属性栏如图6-3-3所示，其中可以调节平滑度和宽度参数。在线条类型的下拉列表中有各种类型预设笔触线条类型可供选择，如图6-3-4所示。

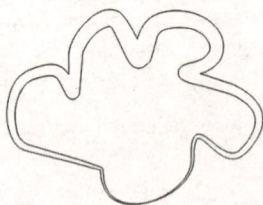

图6-3-1　闭合图形　　　　图6-3-2　填充颜色

图6-3-3　艺术笔属性栏

图6-3-4
预设笔触线条

2. "笔刷"按钮

笔刷可以将绘制的线条变为图案。选择"笔刷"按钮 ，用鼠标在页面中点击，按住鼠标同时进行移动，至适合位置释放鼠标，即可见图形，如图 6-3-5 所示。"笔刷"按钮参数属性栏如图 6-3-6 所示。其中"笔触列表"中有预设的线条图案可供设计师选择，如图 6-3-7 所示。笔触"手绘平滑度"和"艺术媒体工具宽度"均可进行调控笔触参数。

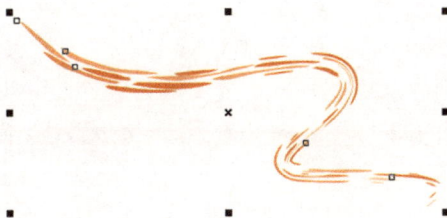

图 6-3-5　笔刷图案

图 6-3-6　笔刷属性栏

图 6-3-7　预设图案

3. "喷灌"按钮

"喷灌"按钮 用于直接喷涂图案，如图 6-3-8 所示。"喷灌"工具的设置参数在属性栏中，如图 6-3-9 所示。

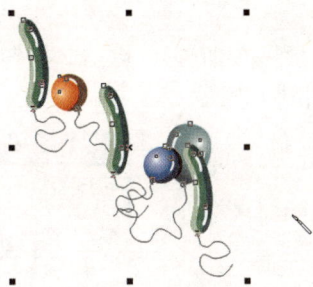

图 6-3-8　喷涂图案

图 6-3-9　喷灌属性栏

（1）属性栏中"要喷涂对象大小"设置，如图 6-3-10 所示。该设置可调控对象大小比例。

图 6-3-10　喷涂对象大小的设置

新喷涂列表

（2）属性栏中"新喷涂列表"下拉列表，如图6-3-11所示。其中有多种可以填充的图案。

（3）属性栏中"选择喷涂顺序"下拉列表中，如图6-3-12所示，其可以为喷涂对象进行排序。

（4）属性栏中"要喷涂的对象的小块颜料"的"间距"参数，如图6-3-13所示。可以对喷出的图案中单体图形的稀疏程度进行调节。

随机
随机
顺序
按方向

#[] 1
[] 25.4 mm

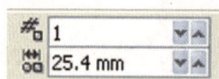

图 6-3-12 喷涂顺序   图 6-3-13 "小块颜料／间距"参数

（5）属性栏中"旋转"按钮 的下拉列表，如图6-3-14所示，其可将喷涂图案进行旋转调节。

（6）属性栏中"位移"按钮 的下拉列表，如图6-3-15所示。可将喷涂图案进行位移。

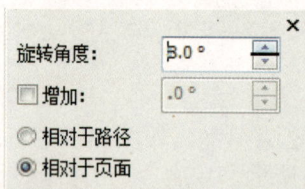

旋转角度： 3.0°
□增加： .0°
○相对于路径
●相对于页面

□使用偏移
偏移： 10.0 mm
方向(D)： 替换

图 6-3-11 新喷涂列表   图 6-3-14 旋转按钮的下拉列表   图 6-3-15 位移按钮的下拉列表

（7）属性栏中"重置值"按钮 ，点击此按钮可以将之前"喷灌"工具中属性栏所有的参数设置全部进行重置。

（8）属性栏中"添加喷涂列表"按钮 ，可以将正在编辑的对象添加至喷涂列表之中。

（9）属性栏中"喷涂列表对话框"按钮 ，弹出对话框如图6-3-16所示。

4. "书法"

"书法"按钮 可以产生类似于书法的书写效果。选择"艺术笔工具"

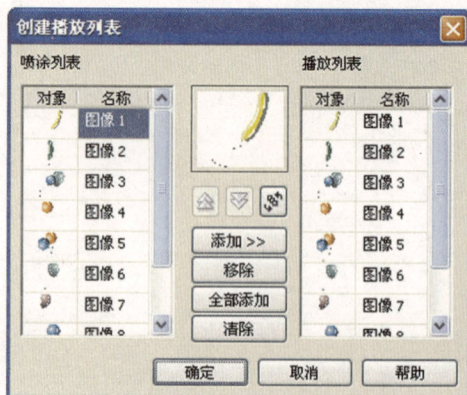

创建播放列表

喷涂列表   播放列表
对象 名称   对象 名称
   图像1   图像1
   图像2   图像2
   图像3   图像3
   图像4   图像4
   图像5   图像5
   图像6   图像6
   图像7   图像7

添加 >>
移除
全部添加
清除

确定   取消   帮助

图 6-3-16 喷涂列表对话框

属性栏中的"书法"按钮即可。其调整参数在属性栏中,
如图 6-3-17 所示。效果如图 6-3-18 所示。

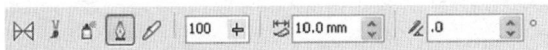

图 6-3-17　书法属性栏

图 6-3-18　书法效果

5."压力"

"压力"工具 🖉 配合手绘板的绘图笔使用时,效果较好。调整参数如图 6-3-19
所示。

图 6-3-19　压力属性栏

6.4　钢笔工具

"钢笔工具" 🖋 可以复制各种复杂图形。选择"钢笔工具"进行绘制,光
标可以一次性调控节点手柄,如图 6-4-1 所示。但当绘制过后,"钢笔工具"就
不再可以调整节点及其控制手柄,如图 6-4-2 所示。在绘制接近结束时,光标遇
到节点变为 时,表示线段可以闭合。按住 Ctrl 键,光标移动到线段上节点位置
变为 ,表示可以移动节点,改变线段的造型。按住 Ctrl 键,光标移动到线段上
节点位置变为 ,表示可以控制节点的手柄,从而改变线段的弧度,如图 6-4-3
所示。当光标变为 时,表示可以在上次绘制的基础上,继续绘制。绘制效果如
图 6-4-4 所示。

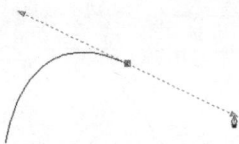

图 6-4-1　一次性调整

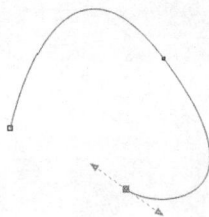

图 6-4-2　绘制效果

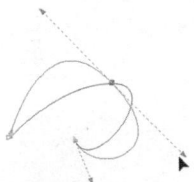

图 6-4-3　改变弧度

图 6-4-4　最终效果

6.5 折线、3点曲线工具

6.5.1 "折线工具"

"折线工具" [图] 用于绘制直线线段或折线线段，绘制方法与手绘工具一样，效果如图 6-5-1 所示。调控参数在属性栏，如图 6-5-2 所示。

图 6-5-1 折线工具的绘制效果

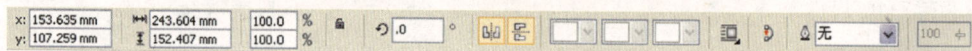

图 6-5-2 折线工具属性栏

6.5.2 "3点曲线工具"

运用"3点曲线工具" [图] 的过程是通过设置线段起点、终点而后拉伸线段中间部分，完成曲线的绘制，如图 6-5-3 所示。调控参数在属性栏中如图 6-5-4 所示。

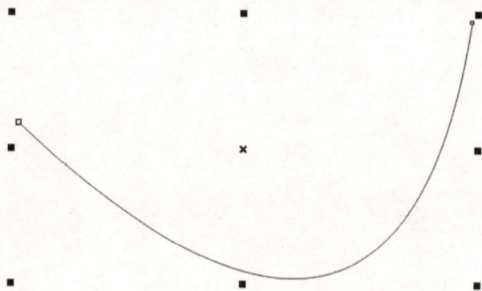

图 6-5-3 "3点曲线工具"的绘制

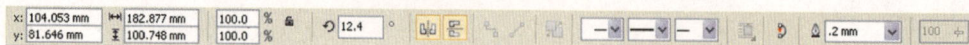

图 6-5-4 "3点曲线工具"的属性栏

6.6 连接器和度量工具

6.6.1 连接器

连接器 ⬚ 是以软件预设的折线方式绘制线段，如图 6-6-1 所示。调整参数见属性栏，如图 6-6-2 所示。属性栏中"成角连接器"按钮 ⬚ 绘制折线线段。"直线连线器" ⬚ 绘制直线连接线段。线段的长短，由鼠标在工作区内移动区域的长短决定，也可在属性栏中进行精确调整。

图 6-6-1 用连接器绘制线段

图 6-6-2 连接器属性栏

6.6.2 度量工具

"度量工具" ⬚ 在室内装修设置工程制图中运用频繁。调整参数见属性栏，如图 6-6-3 所示。

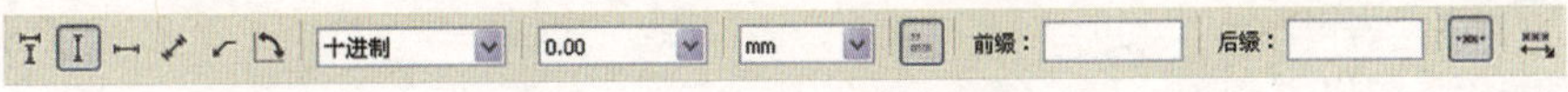

图 6-6-3 度量工具属性栏

在属性栏中有很多功能按钮，包括"自动度量工具" ⬚ 、"垂直度量工具" ⬚ 、"水平度量工具" ⬚ 、"倾斜度量工具" ⬚ 、"标注工具" ⬚ 、"角度量工具" ⬚ 。

6.7　实例练习——绘制射箭

具体操作如下：

（1）绘制六个正圆形。选择"椭圆形工具" ⊙，按住 Ctrl 键，绘制出正圆形。然后将其复制出五个正圆形。在属性栏对象大小设置中，将六个正圆形的直径分别设为 82mm、64mm、47mm、32mm、18mm、6mm。效果如图 6-7-1 所示。

（2）将六个正圆形按照由大至小的顺序，设置为黑和红色，如图 6-7-2 所示。

图 6-7-1　绘制正圆形　　　　　　　　　图 6-7-2　设置颜色

（3）将六个正圆形全部选中，执行菜单"排列"的"对齐"的"水平居中对齐"命令，如图 6-7-3 所示。执行菜单"排列"的"对齐"的"垂直居中对齐"，如图 6-7-4 所示。执行菜单"排列"的"群组"命令，箭靶做好了。

图 6-7-3　水平居中对齐　　　　　　　　图 6-7-4　垂直剧中对齐

（4）选择"艺术笔工具" ↘，在属性栏中选择"笔刷" ↓，参数设置如图 6-7-5 所示。在"笔触列表"中选择箭头，如图 6-7-6 所示。在页面中绘制一笔，效果如图 6-7-7 所示。

图 6-7-5 参数设置

图 6-7-6 选择箭头

图 6-7-7 绘制箭杆

（5）将箭头摆到箭靶上，效果如图 6-7-8 所示。

图 6-7-8 射箭的效果

第 7 章　形状编辑

7.1　路　　径

在 CorelDRAW 软件中，图形都是由路径组成。而路径则是由直线、折线或曲线组合成。下面介绍一些关于路径的基本概念和术语。

7.1.1　开放路径

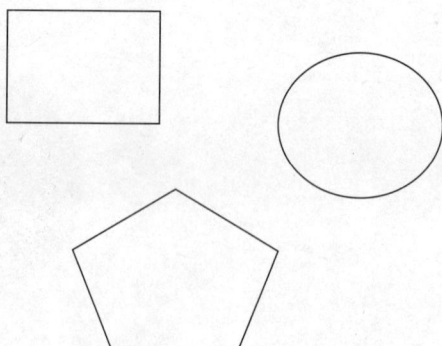

开放路径有多个路径点，起点与终点不重合，只能选择轮廓线颜色，不能填充颜色，如直线、折线等，如图 7-1-1 所示。

7.1.2　闭合路径

闭合路径有多个路径点，起点与终点重合。在调整轮廓线色彩的同时，还可以在内部填充颜色，如圆形、三角形、多边形等，如图 7-1-2 所示。

图 7-1-1　开放路径　　　　　　　　　图 7-1-2　闭合路径

7.1.3　路径构成

1. 节点

在路径中，每当路径实现转折时，会出现带蓝色方框的点，该点被称为节点，如图 7-1-3 所示。节点分为直线节点和曲线节点。

2. 路径点

路径的起点和终点被称为路径点。在路径中显示为蓝色的三角形，如图 7-1-4 所示。

图 7-1-3　节点

路径点

起点　　　　　　　　　　终点

图 7-1-4　路径点

3. 控制手柄

节点两侧带有的较长的黑色手柄称为曲线节点，如图 7-1-5 所示。"形状工具" 通过拖动手柄而改变线段，如图 7-1-6 所示。

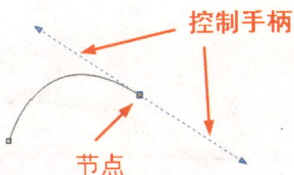

控制手柄

节点

图 7-1-5　曲线节点

图 7-1-6　形状工具改变线段

4. 线段

线段是两个节点之间的路径部分，分为直线段和曲线段两种。

7.1.4　直线路径和曲线路径

路径分为直线路径和曲线路径两种。形状中的路径节点被编辑，必须执行菜单"排列"的"转换为曲线"。这样图形轮廓的路径可以被编辑。

7.2　路径控制

7.2.1　选取节点

选择"形状工具" ，在路径的节点上进行点击，节点闪亮表示选取状态，如图 7-2-1 所示。按住 Shift 键，逐个点击需要选取的节点，节点闪亮即表示选取状态，如图 7-2-2 所示。

图 7-2-1 选取一个节点

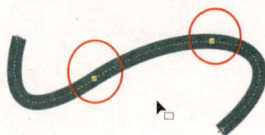

图 7-2-2 选取多个节点

7.2.2 移动节点

选择"形状工具" ，选取节点，按住鼠标在页面进行拖拽至适合的位置释放鼠标，如图 7-2-3 所示。或用"形状工具" ，拖动节点控制手柄，从而改变路径，如图 7-2-4 所示。

图 7-2-3 移动节点 1

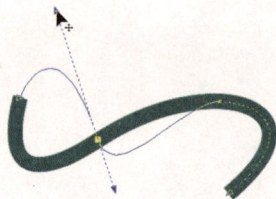

图 7-2-4 移动节点 2

7.2.3 添加、删除节点

1. 添加节点

选择"形状工具" ，在路径需要添加位置，双击即可，如图 7-2-5 所示。或点击属性栏中"添加节点"按钮 。

2. 删除节点

选择"形状工具" ，在路径节点上双击或按 Delete 键，即可删除，如图 7-2-6 所示。或点击属性栏中"删除节点"按钮 。

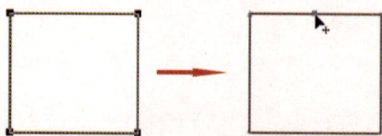

图 7-2-5 添加节点

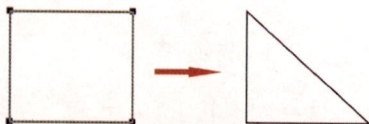

图 7-2-6 删除节点

7.2.4 连接、断开节点

1. 连接节点

选择"形状工具" ，将两个分开的节点都选中。点击属性栏中"连接两个节点"按钮 ，如图 7-2-7 所示。

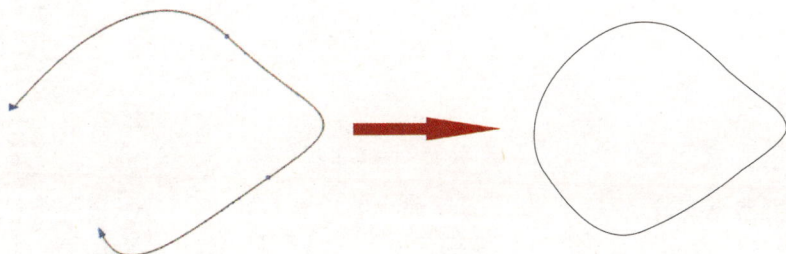

图 7-2-7　连接节点

2. 断开节点

选择"形状工具" ，选取一个节点后，点击属性栏中"断开节点"按钮 ，如图 7-2-8 所示。

图 7-2-8　断开节点

7.2.5 节点的调控

1. 尖突节点

调动控制手柄，一般都会移动一段，另一端就会一起变动。"尖突节点" 按钮可以使节点两侧的任一控制手柄单独移动，而使另一端不受影响，如图 7-2-9 所示。

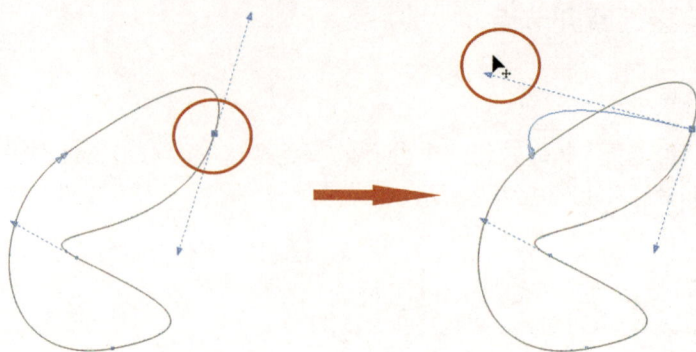

图 7-2-9　尖突节点

2. 平滑节点

在路径上当节点之间起伏过度艰涩，可以采用平滑节点 ，对起伏过度尖锐的节点进行点击，即可以令路径变得平滑，如图 7-2-10 所示。

图 7-2-10　平滑节点

3. 对称节点

对称节点 按钮可以令节点在被拖动的情况下，与其他节点的距离始终保持相等，弯曲度也相等。

7.2.6　闭合路径

选取需要闭合的两个节点，点击"自动闭合路径"按钮 ，如图 7-2-11 所示。

图 7-2-11　路径闭合

7.3 形状工具

形状工具组，包括"形状工具" ![icon]、"涂抹笔刷" ![icon]、"粗糙笔刷" ![icon]、"自由变换" ![icon]。

7.3.1 "形状工具"

"形状工具"通过调节编辑对象的节点从而改变形状。其功能在路径与路径控制部分已经介绍了，这里不再赘述。

7.3.2 "涂抹笔刷"

"涂抹笔刷"在矢量图或者位图边缘涂抹，从而改变对象形状，如图 7-3-1 所示。具体参数可以通过属性栏进行调整，如图 7-3-2 所示。涂抹的方向可以向内或向外。

图 7-3-1 改变形状

图 7-3-2 涂抹笔刷属性栏

7.3.3 "粗糙笔刷"

"粗糙笔刷"在矢量图边缘拖动，从而改变其轮廓变得粗糙，节点不再平滑，如图 7-3-3 所示。具体参数可以通过属性栏进行调整，如图 7-3-4 所示。

图 7-3-3 轮廓粗糙

图 7-3-4 粗糙笔刷属性栏

7.3.4 "自由变换"

通过旋转、缩小或倾斜变换对象，如图 7-3-5 所示。具体参数可以通过属性栏进行调整，如图 7-3-6 所示。

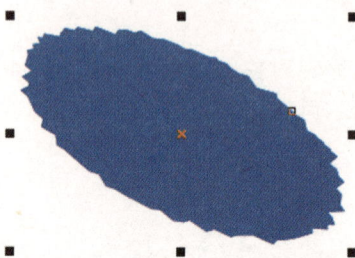

图 7-3-5 自由变换

图 7-3-6 自由变换属性栏

7.4 裁剪工具

裁剪工具主要用于裁剪对象。可裁剪对象包括绘制的各种矢量图形、导入的位图，段落文本等。裁剪效果如图 7-4-1 所示。

图 7-4-1 裁剪效果

7.5 刻刀工具

可在对象任意位置进行刻画。刻画后对象分为多个部分，但对象的任何部分都不会消失。可以通过解散群组的命令，将切割后的图形各部分分离出来，单独编辑。具体参数可以通过属性栏进行调整，如图 7-5-1 所示。

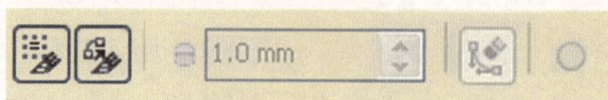

图 7-5-1 刻刀工具属性栏

7.6　形状的焊接、修剪等内容

在形状塑造方面，"排列"的"造型"泊坞窗也是适用频率很高的，是十分强大的一个造型工具。下面，介绍一下"造型"泊坞窗中常用的六个功能，包括"焊接"、"修剪"、"相交"、"简化"、"移除后面的对象"、"移除前面的对象"。

7.6.1　焊接

焊接指将两个图形合为一体。来源对象指预焊接的图形。目标对象指预焊接至的图形。泊坞窗中，保留原件选项指在出现焊接后图形的同时，可以保留来源对象和目标对象。

具体操作如下：

绘制两个图形，如图 7-6-1 所示。选中来源对象后，点击"焊接到"按钮，光标变为 ，点击目标对象，如图 7-6-2 所示。最终效果如图 7-6-3 所示。

图 7-6-1　选中来源对象 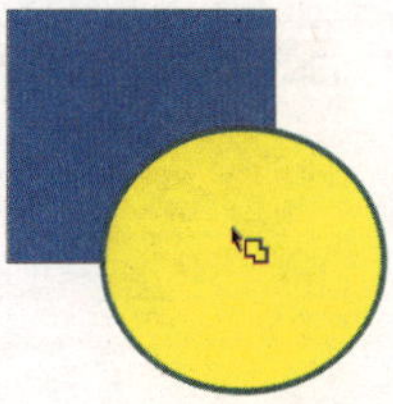　　　图 7-6-2　点击目标对象 　　　图 7-6-3　焊接效果

7.6.2　修剪

修剪指可以用一个图形去修剪另一个图形。两个图形的各部分都可以在修剪时进行调整，令其保留或消失。

修剪的保留原件的选择项相对复杂一些，不过可以由预览区域观测修剪后的形式。

具体操作如下：

（1）泊坞窗保留原件选项，在来源对象和目标对象都选取的情况下，修剪后的图形出现，同时，两个原图形都存在，如图 7-6-4 所示。

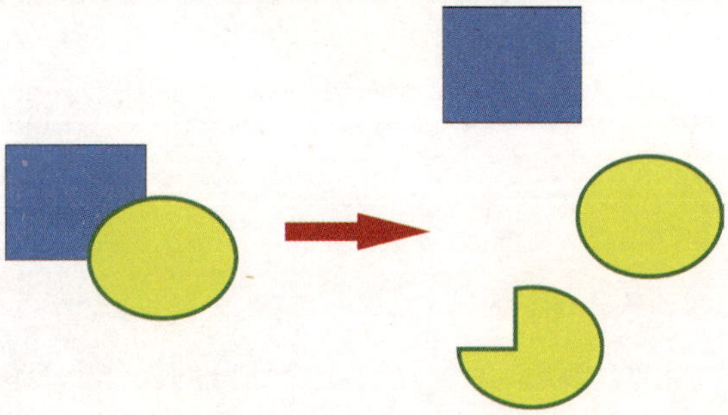

图 7-6-4　修剪 1

（2）泊坞窗保留原件选项，在来源对象和目标对象都不选取的情况下，将只出现修剪后的图形，两个原图形消失，如图7-6-5所示。

图 7-6-5　修剪 2

（3）泊坞窗保留原件选项，只选取来源对象选项，将出现修剪后的图形和来源对象，目标对象消失，如图7-6-6所示。若只选取目标对象选项，将出现修剪后的图形和目标对象，来源对象消失，如图7-6-7所示。

图 7-6-6　修剪 3

图 7-6-7　修剪 4

7.6.3 相交

相交指获取两个图形相交部分的操作命令。

具体操作如下：

（1）泊坞窗保留原件选项，在来源对象和目标对象都选取的情况下，相交部分图形出现，同时，两个原图形都存在，如图 7-6-8 所示。

图 7-6-8　相交 1

（2）泊坞窗保留原件选项，在来源对象和目标对象都不选取情况下，将只出现相交后的图形，两个原图形消失，如图 7-6-9 所示。

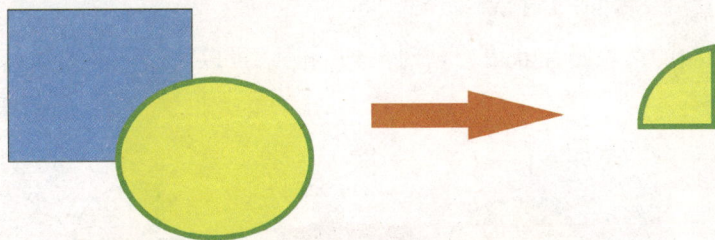

图 7-6-9　相交 2

（3）泊坞窗保留原件选项，只选取来源对象选项，将出现相交后的图形和来源对象，目标对象消失，如图 7-6-10 所示。若只选取目标对象选项，将出现相交后的图形和目标对象，来源对象消失如图 7-6-11 所示。

图 7-6-10　相交 3

图 7-6-11　相交 4

7.6.4　简化

简化是可以将目标对象修剪，将出现修剪后的对象和目标对象，如图 7-6-12 所示。

图 7-6-12　简化

7.6.5　移除后面的对象

移除后面的对象是在获得修剪对象的同时，可以将后面的对象移除，如图 7-6-13 所示。

图 7-6-13　移除后面的对象

7.6.6　移除前面的对象

移除前面的对象是在获得修剪对象的同时，可以将前面的对象移除，如图 7-6-14 所示。

图 7-6-14　移除前面的对象

7.7 实例练习——绘制卡通小绵羊

具体操作如下：

（1）新建文件，执行菜单"文件"的"新建"，CorelDRAW X4软件默认类型为A4。

（2）选取"椭圆形工具" ⬭，在页面上画一个宽66mm、高33mm的椭圆形，如图7-7-1所示。执行菜单"排列"的"转换为曲线"。选取"形状工具" ⬭，在椭圆形最上方节点左右两边距离均等的位置上各添加一个节点，如图7-7-2所示。双击三个节点中间的节点，将其删除，如图7-7-3所示。将剩下两个节点全选中，点击属性栏中生成"对称节点"按钮 ⬭，如图7-7-4所示。在选中两个节点的前提下，用鼠标点在其中一个节点上，向上拖拽，如图7-7-5所示。属性栏中此图形的高度设定为47mm，效果如图7-7-6所示。在选中图形的前提下，点击"均匀填充"对话框 ⬭，效果如图7-7-7所示。在"均匀填充"对话框设定颜色（C=0；M=20；Y=16；K=0），效果如图7-7-8所示。

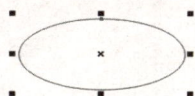

图 7-7-1 画椭圆 1

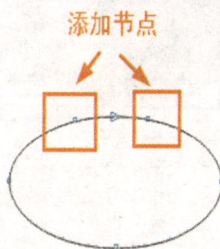

图 7-7-2 添加节点 1

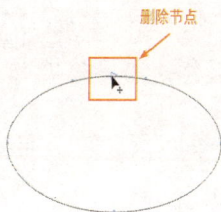

图 7-7-3 删除节点

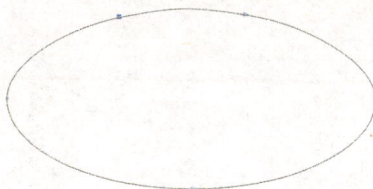

图 7-7-4 生成"对称节点"

图 7-7-5 拖拽节点

图 7-7-6 设定高度

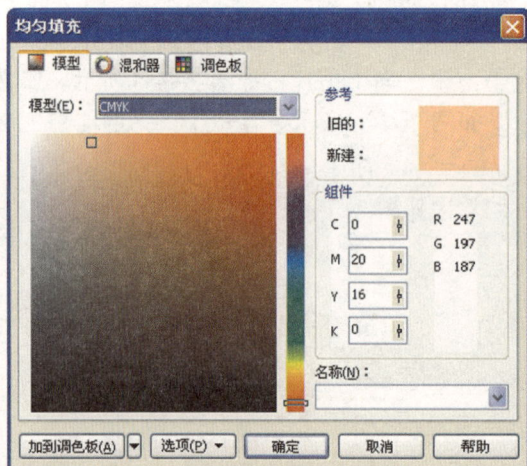

图 7-7-7 "均匀填充"对话框

图 7-7-8 脸部轮廓效果

（3）选取"椭圆形工具" ，在页面上画一个宽 16mm、高 20mm 的椭圆形，如图 7-7-9 所示。在色彩板中，鼠标左键点击黑色，如图 7-7-10 所示。效果如图 7-7-11 所示。选取"椭圆形工具" ，在页面上画一个宽 14mm、高 15mm 的椭圆形，填充颜色为白色，如图 7-7-12 所示。选取"椭圆形工具" ，在页面上画一个宽 9mm、高 12mm 的椭圆形，填充颜色为黑色，如图 7-7-13 所示。

图 7-7-9
画椭圆 2

图 7-7-10
选黑色

图 7-7-11
效果 1

图 7-7-12
画椭圆 3

图 7-7-13
画椭圆 4

（4）选取"多边形工具" 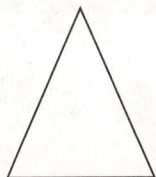，在属性栏设置多边形的点数为3，绘制宽9mm、高10mm的三角形，填充颜色为白色。效果如图7-7-14所示。属性栏中设置旋转角度为287。效果如图7-7-15所示。

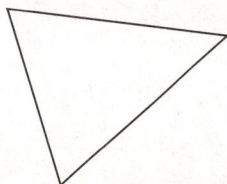

图 7-7-14　画三角形　　　　图 7-7-15　旋转三角形

（5）将三角形摆放在最后一次绘制的黑色椭圆形，如图7-7-16所示。执行菜单"窗口"的"泊坞窗"的"造型"，弹出造型泊坞窗，如图7-7-17所示。在泊坞窗中下拉列表选择"修剪"。鼠标点击三角形，后在泊坞窗中点击"修剪"按钮，选择"来源对象"，光标变为 时，点击下面的黑色椭圆形。删除三角形，效果如图7-7-18所示。

图 7-7-16　摆放三角形　　　图 7-7-17　"造型"泊坞窗　　　图 7-7-18　删除三角形

（6）将之前绘制的椭圆形和修剪过的椭圆形摆放好，效果如图7-7-19所示。执行菜单"排列"的"群组"。在属性栏中，设置旋转角度为334.3，如图7-7-20所示。小绵羊的眼睛做好了。按Ctrl键，将眼睛进行水平复制，在属性栏中设置旋转角度为30.8。效果如图7-7-21所示。将两只眼睛其放置在图7-7-8中的图形上，效果如图7-7-22所示。

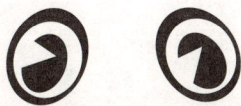

图 7-7-19　摆放　　图 7-7-20　旋转　　　图 7-7-21　复制　　　图 7-7-22　眼睛效果

（7）选择"矩形工具" ，绘制宽 4mm、高 9mm 的矩形。将其四个角边角圆滑度设置为 100，旋转角度设为 45 度。在调色板中选择红色对矩形进行填充。效果如图 7-7-23 所示。执行菜单"排列"的"变换"的"比例"命令，弹出泊坞窗。在泊坞窗中点击"水平镜像"按钮 ，选中不按比例选项，点击"应用到再制"按钮，如图 7-7-24 所示。效果如图 7-7-25 所示。

图 7-7-23　填充效果

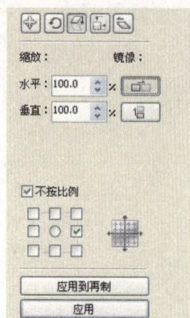

图 7-7-25　效果 2　图 7-7-24　应用到再制

点击复制出的红色矩形，在"变换"泊坞窗中选择"位置"按钮 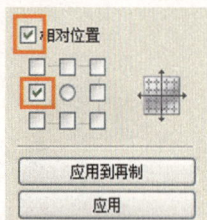。位置水平设为 -3。选中相对位置选择项，如图 7-7-26 所示，效果如图 7-7-27 所示。将两个红色矩形同时选中，执行菜单"排列"的"造型"的"焊接"，效果如图 7-7-28 所示。焊接后的图形呈现为红色的桃心，这就是小羊的鼻子，将其放置在之前绘制好的脸上，效果如图 7-7-29 所示。

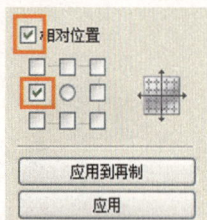   

图 7-7-26　设置位置　　图 7-7-27　效果 3　　图 7-7-28　效果 4　　图 7-7-29　效果 5

（8）选择"手绘工具" ，徒手绘制小羊的头发，不用绘制的很规整，放松自然些就可以了，效果如图 7-7-30 所示。选择"形状工具" ，点击属性栏中"使节点成为尖突"按钮 ，逐个调整节点，效果如图 7-7-31 所示。将其填充为白色，放置在刚才做好的脸上方，效果如图 7-7-32 所示。

图 7-7-30　效果 6　　　　　图 7-7-31　效果 7　　　　　图 7-7-32　效果 8

（9）选取"椭圆形工具" ，在页面上画一个宽 16mm、高 34mm 的椭圆形。执行菜单"排列"的"转换为曲线"。用"形状工具" ，选择椭圆形两侧的节点，向下拖拽，如图 7-7-33 所示。效果如图 7-7-34 所示。用"形状工具"

，选择椭圆形最下方的节点，点击属性栏"平滑节点"按钮，向下拖拽，如图 7-7-35 所示。用"形状工具"，选择椭圆最上方顶点的节点，点击属性栏中"使节点成为尖突"按钮，调整椭圆的顶点为锐角，如图 7-7-36、图 7-7-37 所示。旋转角度 45 度。执行菜单"排列"的"变换"的"比例"命令，弹出泊坞窗。在泊坞窗中点击"垂直镜像"按钮，选中不按比例选项，点击"应用"按钮，如图 7-7-38 所示。将其进行复制，放在一边备用。

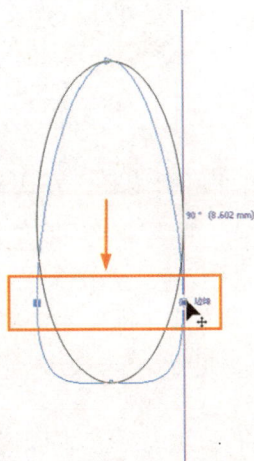

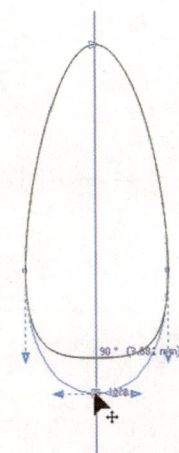

图 7-7-33　下拽节点　　　　图 7-7-34　效果 9　　　　图 7-7-35　下拽椭圆

图 7-7-36　调整顶点 1　　　图 7-7-37　调整顶点 2　　　图 7-7-38　效果 10

（10）选中刚刚绘制的图 7-7-38 中的图形，在色板上选择 20% 黑进行填充。选择"贝赛尔工具"，绘制几根黑色装饰弧线。将其进行群组，如图 7-7-39 所示。执行菜单"排列"的"变换"的"比例"命令，弹出泊坞窗。在泊坞窗中点击"水平镜像"按钮，选中不按比例选项，点击"应用到再制"按钮，如图 7-7-40 所示。效果如图 7-7-41 所示。小绵羊的两个角做好了，将其选中摆在小羊的头顶上，执行菜单"排列"的"顺序"的"到图形后面"，如图 7-7-42 所示。

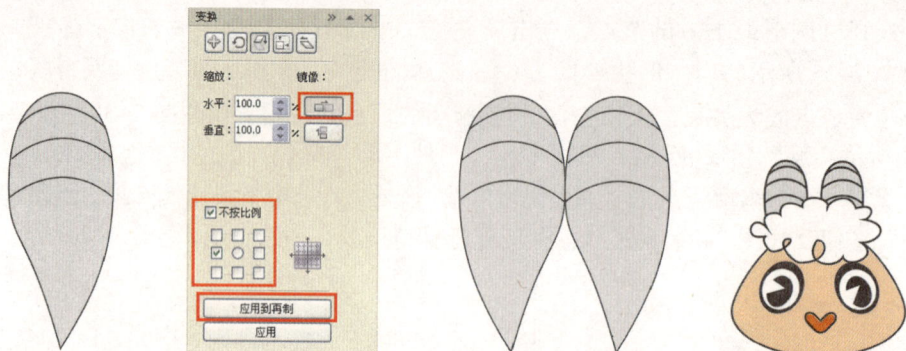

图 7-7-39 群组   图 7-7-40 再制   图 7-7-41 效果 11   图 7-7-42 效果 12

（11）选中刚才复制的图 7-7-38 的备用图形，在属性栏中调整大小为宽 25mm、10mm），旋转 90 度。执行菜单"排列"的"变换"的"比例"命令，弹出泊坞窗。在泊坞窗中点击"水平镜像"按钮 ，选中不按比例选项，点击"应用到再制"按钮。将两个都填充为白色，并选中，执行菜单"排列"的"顺序"的"到图形后面"。再将其摆放在小羊的耳朵的位置，如图 7-7-43 所示。

（12）选取"椭圆形工具" ，在页面上画一个宽 51mm、高 55mm 的椭圆形。执行菜单"排列"的"转换为曲线"。用"形状工具" ，在椭圆形下部两侧各添加一个节点，如图 7-7-44 所示。选中三个节点向下拖拽，如图 7-7-45 所示。

图 7-7-43 效果 13   图 7-7-44 添加节点 2   图 7-7-45 下拽节点

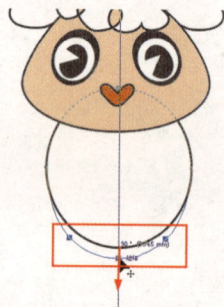

（13）将小羊的一只耳朵进行复制，旋转 45 度，摆在手臂的位置，执行菜单"排列"的"顺序"的"到图层后面"，如图 7-7-46 所示。

（14）选取"椭圆形工具" ，在页面上画一个宽 20mm、高 11mm 的椭圆形。选取"矩形工具" ，在页面上画宽 35mm、高 19mm 的矩形。将两个图形都选中，执行菜单"排列"的"造型"的"修剪"，效果如图 7-7-47 所示。将其复制都放在小羊的脚部。另外再复制两个，旋转后，摆放在手的位置上，如图 7-7-48 所示。将小羊的脚部再复制一个，进行垂直镜像，将其内部填充为（C=2，M=20，Y=16，K=0），如图 7-7-49 所示。

图 7-7-46　效果 14　　图 7-7-47　效果 15　　图 7-7-48　效果 16　　图 7-7-49　效果 17

（15）选取"椭圆形工具" ，在页面上画一个宽 17mm、9mm 的椭圆形。将其内部填充为（C=4，M=78，Y=24，K=0），如图 7-7-50 所示。选择"交互式透明工具" ，将透明效果调整为：填充角度是 33°，边界是 35%，如图 7-7-51 所示。将其水平镜像复制。把两个椭圆形放置在小羊脸部。

（16）选取"椭圆形工具" ，在页面上画一个宽 3mm、高 3mm 的椭圆形，其内部填充白色，轮廓线为无色，并复制一个。将其都摆放在脸颊高光的部分。效果如图 7-7-52 所示。

图 7-7-50　效果 18　　　　　　　图 7-7-51　透明　　　　　　　图 7-7-52　效果 19

（17）添加最后的装饰部分，如脸部的小装饰线。气球的制作可以执行"艺术笔触 / 喷灌"命令，在其中选择气球图案的预设图案，后点击右键执行图形打散命令，即可拆出一个单独的气球图案。

（18）最终效果如图 7-7-53 所示。

图 7-7-53　最终效果

第8章　设置图形的轮廓

在 CorelDRAW 中，每个图形刚绘制成时都自动带有轮廓线，默认状态下的图形对象的轮廓线为黑色，这在有些图形中会影响整个画面的效果，而通过设置图形的轮廓颜色和样式，可以使绘制的图形与其他图形融合在一起。

8.1　轮廓线

使用手绘工具或基本绘图工具绘制图形对象时，其默认的轮廓都很细，此时就可以通过"轮廓笔"对话框工具来设置轮廓线的粗细，同时也可以设置轮廓线的样式。

1. 设置轮廓线的粗细

单击工具箱中的"轮廓笔对话框工具"按钮，可弹出"轮廓笔"对话框，如图 8-1-1 所示。

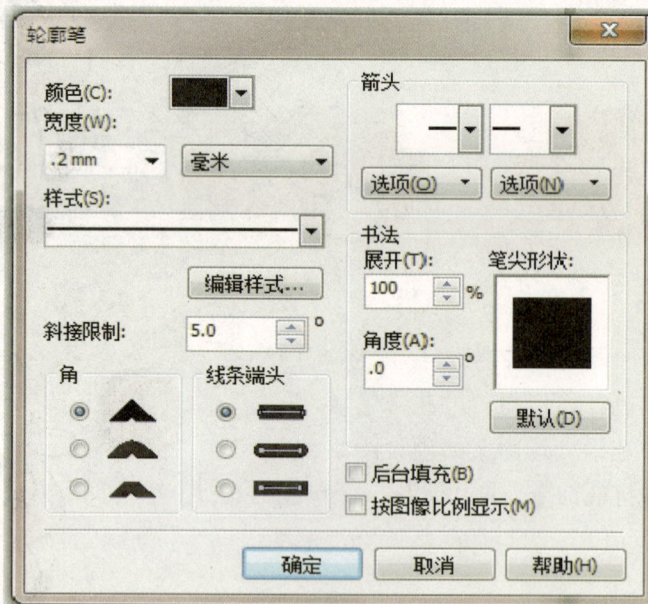

图 8-1-1　"轮廓笔"对话框

在"毫米"下拉列表中选择单位，然后在"宽度"下拉列表中选择线宽，也可直接输入轮廓线的宽度数值。例如，要将图形对象的轮廓线设置为 5mm，其具体的操作方法如下：

（1）单击工具箱中的"星形工具"按钮，在绘图区中拖动鼠标绘制星形。

（2）单击工具箱中轮廓工具组中的"轮廓笔对话框工具"按钮，可弹出"轮廓笔"对话框。

（3）在此对话框中的"毫米"下拉列表中选择单位为"毫米"，在"细线"下拉列表中输入数值5，单击"确定"按钮，即可设置轮廓线的宽度，如图8-1-2所示。

图 8-1-2　设置轮廓宽度

在轮廓工具组中包含了一些轮廓宽度预设值，分别是无轮廓、细线轮廓、1/2 点轮廓、1 点轮廓、2 点轮廓、8 点轮廓、16 点轮廓和 24 点轮廓，使用这些预设值也可以改变图形的轮廓线宽度，如图8-1-3所示。

图 8-1-3　改变轮廓宽度

2. 设置轮廓线的样式

CorelDRAW X4 中有多种轮廓线样式可供选择，当提供的样式不能满足要求时，用户还可以通过编辑样式功能编辑所需的轮廓线样式。

（1）使用预设轮廓线样式。使用预设的轮廓线样式的方法是在"轮廓笔"对话框中单击"样式"下拉列表框，在弹出的下拉列表中选择所需样式，单击"确定"按钮，即可以改变所选对象的轮廓线样式，如图8-1-4所示。

图 8-1-4　设置轮廓线的样式

（2）编辑轮廓线样式。在"轮廓笔"对话框中单击"编辑样式"按钮,可弹出"编辑线条样式"对话框, 如图 8-1-5 所示。

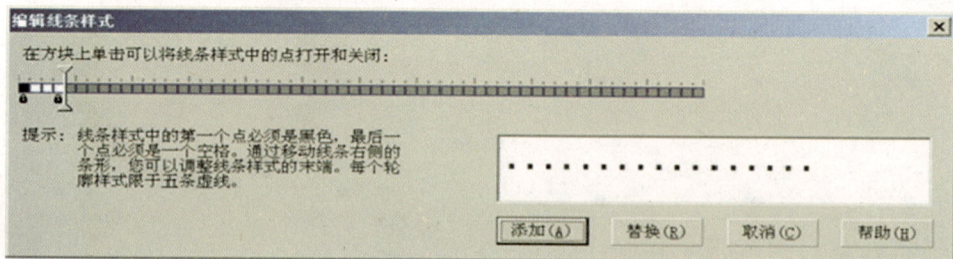

图 8-1-5　编辑线条样式对话框 1

在此对话框中可以编辑新的轮廓线样式, 其具体的操作方法如下:

① 使用鼠标移动调节杆的滑块,可调整线条样式的端点,并调整端点之间的间隔,但线条样式第一点必须是黑色,而最后一点必须是白色,其中黑色在线条中表示为可见,白色表示不可见,这样就形成了虚线。

② 在白色区域单击可使其变为黑色,也可通过拖动鼠标的方式快速将连续的白色区域变为黑色,如图 8-1-6 所示。

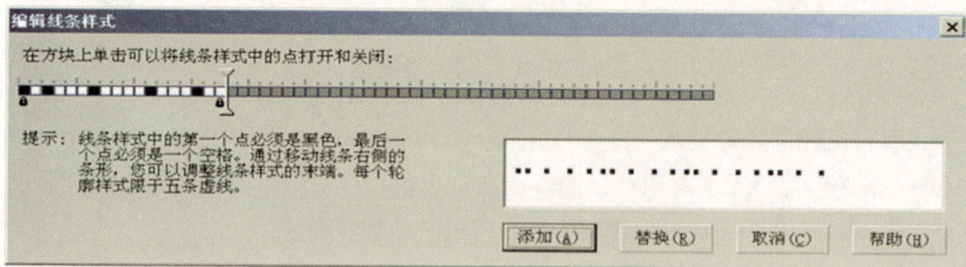

图 8-1-6　编辑线条样式对话框 2

③ 完成编辑后,单击"添加"按钮,可将编辑的线条样式添加到"样式"下拉列表中,并位于列表的最下方。

④ 返回"轮廓笔"对话框,在"样式"下拉列表中选择编辑的样式,即可将其应用于对象上。

3. 设置轮廓线端和箭头样式

在"轮廓笔"对话框中除了可以设置轮廓线的宽度和样式外，还可以设置轮廓的线端样式与箭头样式，从而可方便地绘制出箭头的形状。

线端样式与箭头样式只针对线条对象而言，对于闭合图形对象则看不出任何效果。设置线端与箭头样式的具体操作如下：

① 单击工具箱中的"贝塞尔工具"按钮，在绘图区中拖动鼠标绘制曲线，设置曲线的宽度，如图 8-1-7 所示。

② 单击工具箱中的"轮廓画笔对话框工具"按钮，弹出"轮廓笔"对话框。

③ 在"线条端头"选项区中选中单选按钮，使曲线端头呈圆滑状，在"箭头"选项区中单击下拉按钮，可从弹出的下拉列表中选择一种箭头样式，如图 8-1-8 所示。

图 8-1-7　绘制曲线　　　　　图 8-1-8　选择箭头

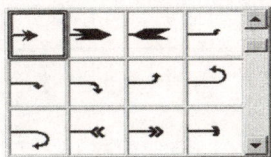

④单击"确定"按钮，即可在曲线的末端添加箭头，如图 8-1-9 所示。

如需要在曲线的起点位置添加箭头，而末端为圆滑状，可通过反转曲线方向的方法来完成，方法是单击工具箱中的"形状工具"按钮，并在属性栏中单击"反曲线的方向"按钮，即可反转曲线的方向，如图 8-1-10 所示。

如果对预设的箭头样式不满意，可在原有箭头的基础上进行修改，如将箭头缩小、放大或压扁等，其具体的操作如下：

①在线段的属性栏里，单击线段的下拉式按钮，会弹出一个对话框，如图 8-1-11 所示。

图 8-1-9　添加箭头　　　图 8-1-10　反转曲线方向　图 8-1-11　线段的属性栏

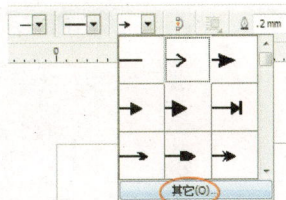

②在对话框中的选项区中单击下拉按钮，从弹出的下拉列表中单击一种箭头样式，在弹出的下拉菜单中选择命令，将弹出对话框，如图 8-1-12 所示。

③在此对话框中可以看到箭头的周围有 8 个黑色的控制点，通过使用鼠标拖动控制点可以改变箭头的形状大小，如图 8-1-13 所示。

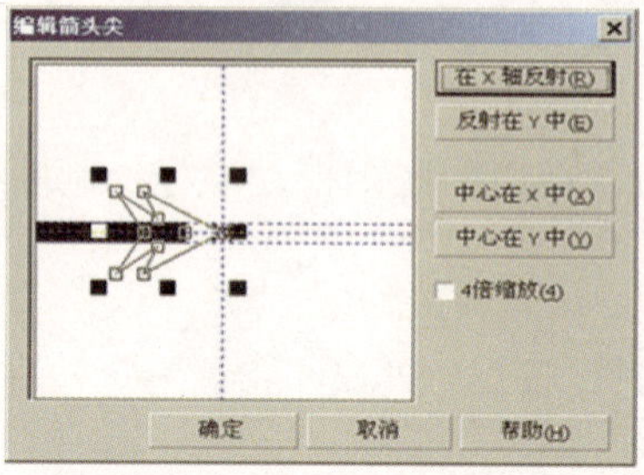

图 8-1-12　编辑箭头尖 1 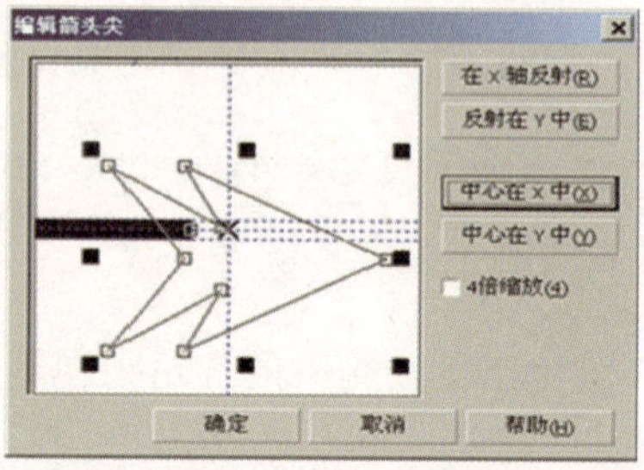　　　　　图 8-1-13　编辑箭头尖 2

④单击"在 X 轴反射"按钮，可水平翻转箭头；单击"反射在 Y 中"按钮，可垂直翻转箭头；单击"中心在 X 中"按钮，可使箭头的中心置于 X 轴的 0 点；单击"中心在 Y 中"按钮，可将箭头的中心置于 Y 轴的 0 点；选中"4 倍缩放"复选框，可将箭头图形放大 4 倍显示。

⑤编辑完成后，单击"确定"按钮，即可在绘图区中看到改变形状后的箭头。

提示：如果不理解线条端头设置的作用，可将线条放大显示来查看，也可将轮廓宽度设置大一些。

4. 设置转角样式

在"轮廓笔"对话框中可以设置转角的样式，如锐角、圆角或梯形角，但转角的样式只能应用于两边都是直线的转角。如要为矩形的转角样式设为梯形角，其具体的操作如下：

①单击工具箱中的"矩形工具"按钮，在绘图区中拖动鼠标绘制矩形。

②设置矩形对象的轮廓线为 10 mm，然后在轮廓工具组中单击"轮廓笔对话框工具"按钮，弹出"轮廓笔"对话框，在"角"选项区中选中单选按钮，单击"确定"按钮，即可将矩形的转角改变为梯形角，如图 8-1-14 所示。

图 8-1-14　矩形的转角变为梯形角

8.2 填　　充

对象轮廓线的颜色与填充颜色一样，也需要在精确设置好颜色后再进行填充。但与填充颜色不同的是，轮廓线只能进行单色填充，而不能进行渐变或图案填充等。

要想精确设置轮廓线颜色，可通过轮廓工具组中的轮廓颜色对话框工具和颜色泊坞窗工具来设置线条与轮廓线的颜色。

1. 使用轮廓色对话框工具

选择要设置颜色的线条或图形，单击工具箱中轮廓工具组中的"轮廓颜色对话框工具"按钮，将弹出"轮廓色"对话框，如图 8-2-1 所示。

通过选择"模型"、"混合器"和"调色板"选项卡，可在相应的选项卡中对线条的颜色做精确的设置，设置好颜色后，单击"确定"按钮，即可将设置的颜色应用于所选的线条或图形的轮廓上。

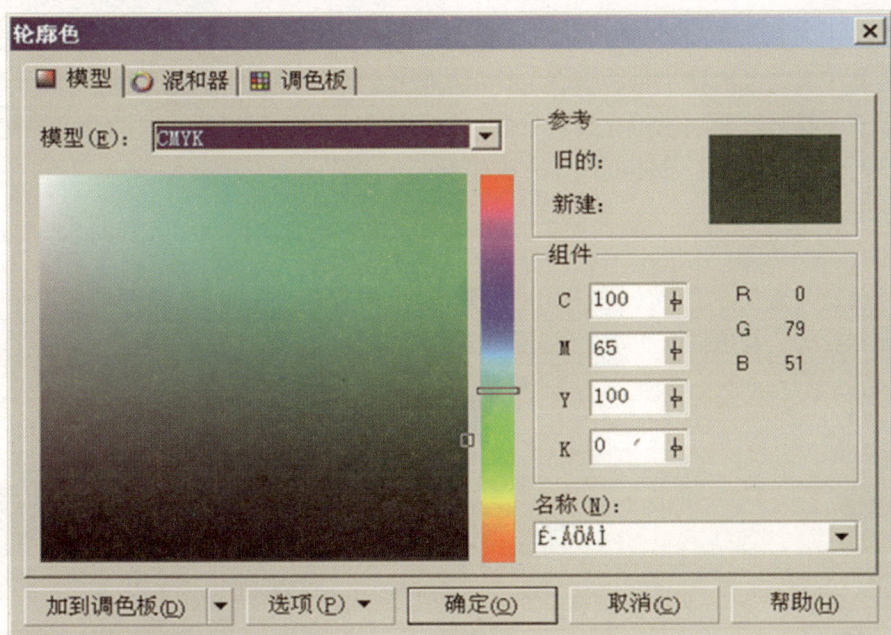

图 8-2-1　"轮廓色"对话框

2. 使用颜色泊坞窗

在 CorelDRAW X4 中除了可以使用轮廓颜色对话框工具设置颜色外，还可以使用颜色泊坞窗工具来精确设置颜色。

选择线条或图形对象后，单击轮廓工具组中的"颜色泊坞窗工具"按钮，打开"颜色"泊坞窗。在此泊坞窗中单击"颜色滑块"按钮、"显示颜色查看器"按钮或"显示调色板"按钮，可选择设置颜色的方式，然后即可设置颜色。

单击"CMYK"下拉列表框，可从弹出的下拉列表中选择色彩模式，然后依次拖动滑块或在其后的输入框中输入数值来设置颜色的 CMYK 值。

设置好颜色后，单击"轮廓"按钮，即可为所选的对象设置轮廓颜色，如图 8-2-2 所示。

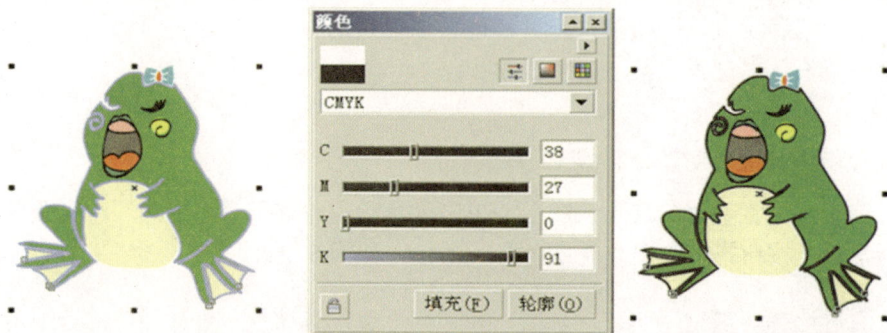

图 8-2-2　设置轮廓颜色

3. 使用吸取的颜色填充图形轮廓

单击工具箱中的"吸管工具"按钮右下角的小黑三角，可打开隐藏的工具组，即吸管工具与油漆桶工具。吸管工具用于吸取对象的颜色，而油漆桶工具则用于将吸管工具吸取的颜色填充到对象中。使用该工具组，可以将吸取的颜色填充到一个对象的轮廓上，具体的操作方法如下：

（1）单击工具箱中的"吸管工具"按钮，可显示其属性栏，如图 8-2-3 所示。

（2）单击"属性"按钮右下角的小黑三角，可打开属性面板，如图 8-2-4 所示，选中"轮廓"复选框，单击"确定"按钮。

图 8-2-3　吸管工具的属性栏

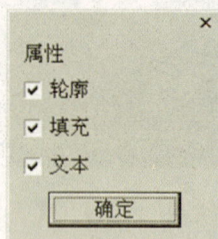

图 8-2-4　属性面板

（3）将鼠标指针移至要吸取轮廓颜色对象上单击，即可吸取对象的轮廓线颜色。

（4）单击工具箱中的"油漆桶工具"按钮，将指针移至要填充对象的边缘上，当鼠标指针改变形状时，单击鼠标即可将使用吸管工具吸取的颜色填充到该对象的轮廓上，如图 8-2-5 所示。

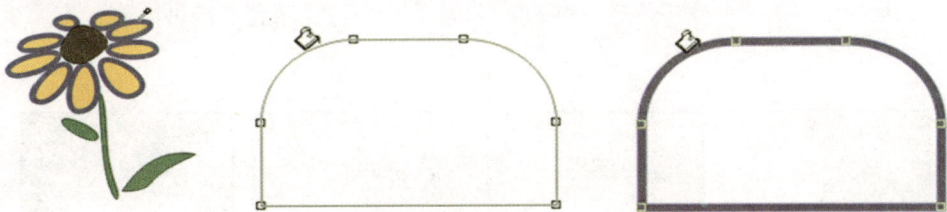

图 8-2-5　填充轮廓颜色

8.3　渐变填充

CorelDRAW X4 里有线性、射线、圆锥、方角四种渐变填充类型，在这四种形式中，可以很容易地调节出所需要渐变填充。选中要填充的对象，在填充工具里选择渐变填充对话框，这时会弹出"渐变填充"对话框，如图 8-3-1 所示。

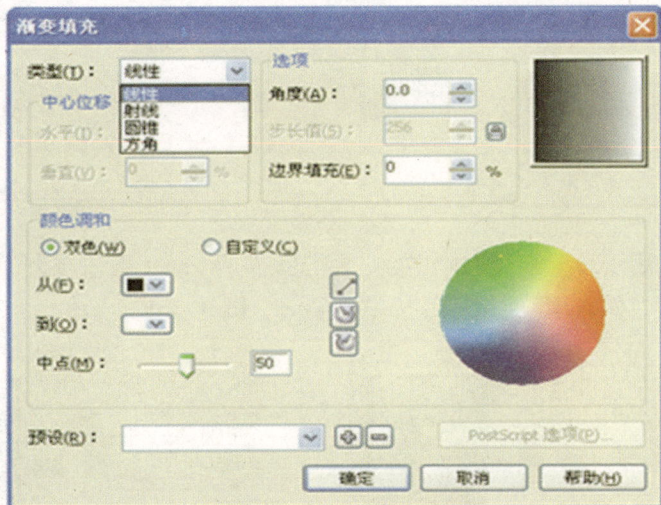

图 8-3-1　渐变填充对话框

在选项中，有双色、自定义两项，其中双色是 CorelDRAW X4 默认的渐变填充方式，如图 8-3-2 所示。

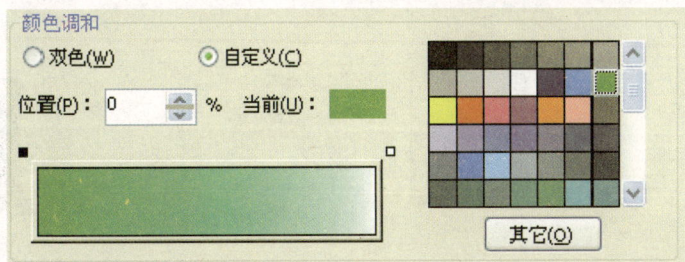

图 8-3-2　渐变填充方式

渐变时的四种渐变填充样式包括：线型填充、射线填充、圆锥填充、方角填充，如图 8-3-3 所示。

图 8-3-3　四种渐变填充样式

在 选项 中，角度用于设置渐变填充的角度，其范围在 360° 至 –360° 之间，如图 8-3-4、图 8-3-5 所示。

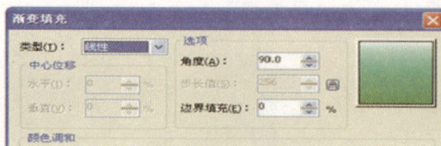

图 8-3-4　设置渐变填充角度 1　　　　图 8-3-5　设置渐变填充角度 2

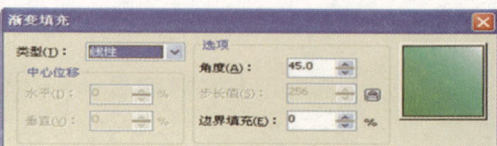

步长值(S):是用于设置渐变的阶层数，默认设置为 256，数值越大，渐变层次就越多，对渐变色的表现就越细腻，如图 8-3-6、图 8-3-7 所示。

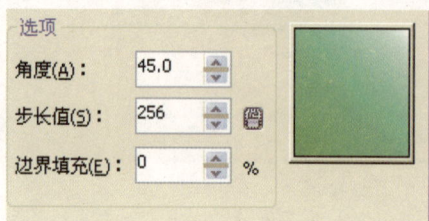

图 8-3-6　设置步长值 1　　　　　　图 8-3-7　设置步长值 2

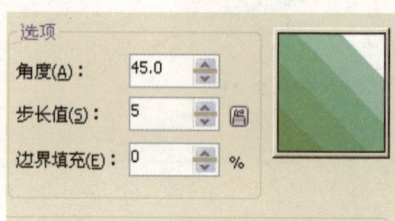

边界填充(E):用于设置边缘的宽度，其取值范围在 0 至 49 之间，数值越大，相邻颜色间的边缘就越窄，其颜色的变化就更加明显，如图 8-3-8、图 8-3-9 所示。

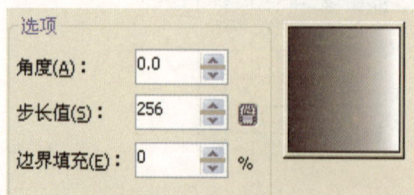

图 8-3-8　设置边界填充 1　　　　　图 8-3-9　设置边界填充 2

在渐变填充对话框中，可以定义填充色渐变中心点的位置，如图 8-3-10、图 8-3-11 所示。

图 8-3-10 定义中心点的位置 1　　　　　图 8-3-11 定义中心点的位置 2

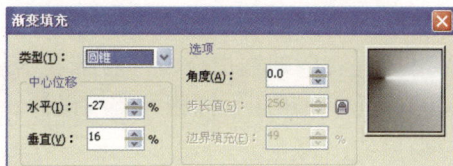

8.4 图案和纹理填充

要将图案进行填充，首先选中要填充的对象，然后在工具箱的填充工具中选择图样填充按钮，CorelDraw X4 在这里为用户提供了双色、全色和位图三种图样填充模式，有各种不同的花纹和样式供用户进行选择，如图 8-3-12 至图 8-3-14 所示。

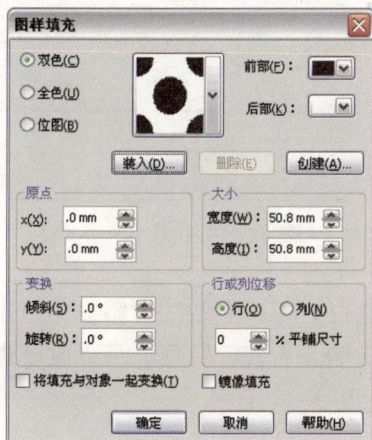

图 8-3-12 图样填充 1　　　　　图 8-3-13 图样填充 2

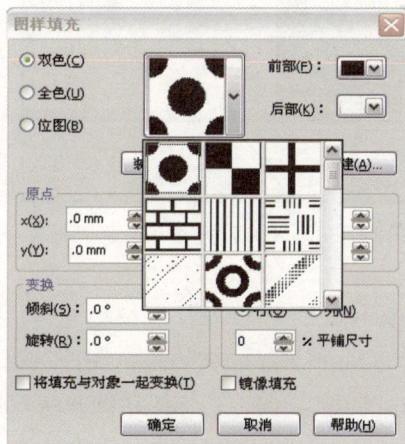

底纹填充是用小块的位图重复排列填充图形，它具有随机性。底纹填充可以赋予目标对象绚丽多彩、自然的外观图样，CorelDraw X4 为用户提供了 300 多种底纹样式及材质，有泡沫、斑点、水彩等，用户在选择各种纹理后，还可以在"纹理填充"对话框进行详细的自定义设置。

图 8-3-14 填充效果

底纹填充只能使用 RGB 颜色，所以在打印的时候经常会出现打印的颜色和屏幕显示的颜色不一致的情况。底纹填充会大大的增加文件的大小，增加计算机的运转负荷，因此在大量使用底纹填充时要谨慎。

具体方法：选中要填充的对象，点击底纹填充按钮 ，打开"底纹填充"对话框，如图 8-3-15 所示。

PostScript 填充是由 PostScript 语言编写出来的一种底纹，是专门用于具有 PostScript 功能的输出设备的特殊花纹填色工具，它具有填色细腻、节省存储空间的特点，适用于大面积的花纹设计。由于其对硬件的要求较高，一般用户运用较少。

选择"PostScript"填充按钮 ，在打开的对话框中进行 PostScript 样式选择及设置，如图 8-3-16 所示。

图 8-3-15　PostScript 样式的设置 1

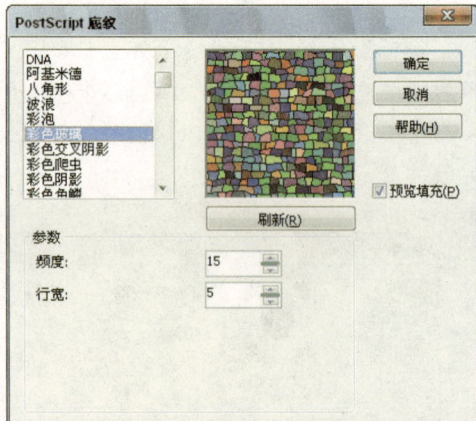

图 8-3-16　PostScript 样式的设置 2

在打开的 PostScript 底纹填充对话框中，通过对相应参数的调整，可以出现不同的 PostScript 底纹效果，在"参数"选项中输入需要的数值，可以改变选择的 PostScript 底纹，产生出新的底纹效果，如图 8-3-17 所示。

图 8-3-17　PostScript 底纹效果

8.5　实例练习

8.5.1　制作立体字

本节应用前面学习过的知识，练习制作立体字。

（1）新建一个图形文件，单击工具箱中的"文本工具"按钮，在绘图区中输入红色文字，如图 8-5-1 所示。

（2）单击工具箱中轮廓工具组中的"轮廓笔对话框工具"按钮，弹出"轮廓笔"对话框，设置轮廓颜色为黄色，设置其他参数如图 8-5-2 所示。

图 8-5-1　输入的文字

图 8-5-2　设置轮廓颜色、参数

（3）单击"确定"按钮，图 8-5-3 所示的为红色文字设置轮廓属性后的效果。

（4）复制红色文字，将其填充为黑色，并设置其轮廓线的宽度为 3 mm，颜色为黑色，将其排放到黄色轮廓对象的下方，制作出立体效果，如图 8-5-4 所示。

图 8-5-3　文字效果

图 8-5-4　立体效果

8.5.2　花瓶

（1）执行"文件"的"新建"命令，新建一个绘图文件。在"属性栏"中设置单位为"毫米"，页面大小为"130mm×180mm"，其他参数保持为默认。

（2）单击工具箱中的 按钮，在弹出的隐藏工具中选取 工具。移动鼠标到工作区域，绘制如图 8-5-5 所示的基本轮廓线条。

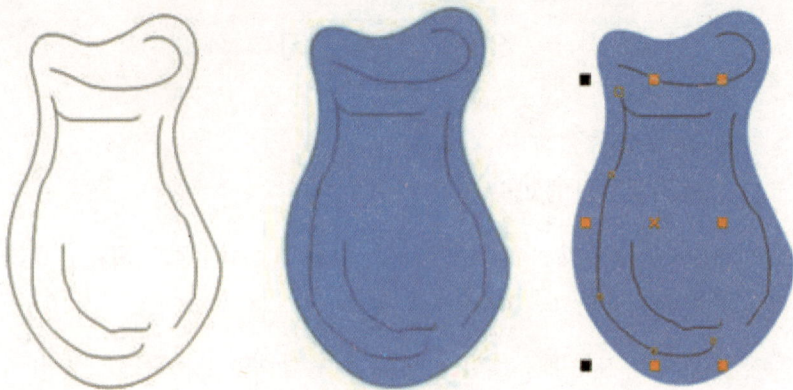

图 8-5-5　绘制基本轮廓线条

（3）选择最外部的瓶子图形，为其填充蓝色（C=100，M=0，Y=0，K=0），并取消轮廓颜色，选取菜单栏中的"排列"的"顺序"的"到后部"命令，将它放置到最下方。

（4）单击工具箱中的 按钮，在弹出的隐藏工具中选取工具 ，选择如图8-5-6所示的线条。

（5）属性栏状态如图8-5-7所示，在属性栏中单击 按钮，并单击"预设笔触列表"。单击 右边的黑色按钮，在弹出的下拉列表中选择 样式。并 栏中修改"艺术笔工具宽度"为"2.5mm"，为其填充黑色。效果如图8-5-8、如图8-5-9所示。

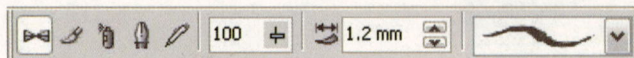

图 8-5-7　属性栏状态

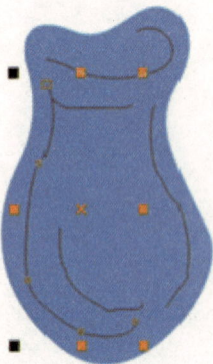

图 8-5-6　花瓶的线条　　　　图 8-5-8　花瓶效果1　　　　图 8-5-9　花瓶效果2

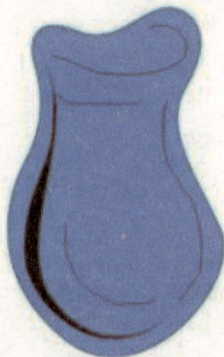

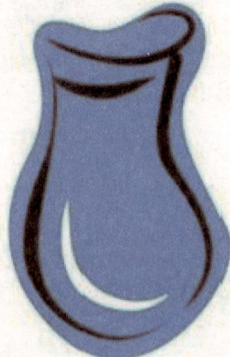

（6）单击工具箱中的 ![icon] 按钮，绘制花朵、枝干和叶子的基本线条。参照上几步的方法，为花朵、枝干和叶子部分设置艺术笔触，并填充颜色，颜色任意设置，效果如图 8-5-10 所示。

图 8-5-10　花朵、枝干和叶子的效果

（7）需要调整叶子的填充，执行"窗口"的"泊坞窗"的"对象管理器"命令，通过"对象管理器"使其中的一个叶子对象处于选取状态。

（8）接着执行菜单栏中的"排列"的"拆分艺术笔群组"，将艺术笔触与原叶子图形拆分。为笔触对象填充黑色（C=0，M=0，Y=0，K=100），为叶子对象填充绿色（C=100，M=0，Y=100，K=0）。

（9）以相同的方法编辑其他叶子。

（10）选择花朵、枝干和叶子，按下 Ctrl ＋ G 键，将对象群组，按下 Ctrl ＋ C 键，复制对象，再按下 Ctrl ＋ V 键，原地粘贴一份。移动复制后的花朵到适当的位置，放大一点，微微旋转一些角度，修改花的颜色，效果如图 8-5-11 所示。

（11）以相同的方法再制一份，最终效果如图 8-5-12 所示。

图 8-5-11　花朵效果

图 8-5-12　最终效果

第9章 交互式工具、填充工具和网状填充工具

在 CorelDRAW 中，学会灵活使用交互式调和工具和填充工具是进行高级图形设计和艺术创作的基础，在本章中我们结合实际例子来讲解 CorelDRAW X4 中各种交互式调和工具的作用和使用方法。

在 CorelDRAW X4 中充分利用交互式工具栏，可以为用户创建丰富的效果，制作出精美而生动的作品。交互式工具栏主要包括交互式调和、交互式轮廓图、交互式变形、交互式阴影、封套、交互式立体化、交互式透明 7 个工具。下面我们通过实际例子来详细讲解各个工具的作用和使用方法。

9.1 交互式工具

9.1.1 交互式调和的形式

交互式的调和工具主要用于在两个对象之间产生过渡的效果，它主要包括直线调和、路径调和和复合调和三种形式。

1. 直线调和

在 CorelDRAW X4 中，直线调和是最简单的调和方式，直线调和是指两个物体间的过渡，具体操作方法如下：

① 利用前面所学知识绘制基本图形，或者直接打开一个图形文件，如图 9-1-1 所示。

② 在工具箱中单选 调和 工具，将鼠标移到页面中，选中一个对象并在按住鼠标左键不放的同时拖到另一个对象上松开鼠标，如图 9-1-2 所示。

图 9-1-1 直线调和之前　　　　　　图 9-1-2 直线调和之后

2. 调和对象的编辑

调和对象的编辑是指将多个对象调和成不同的效果，它主要包括了调和旋转角度、增删调和中的过渡对象、改变过渡对象的颜色和改变调和对象的形状等。

（1）调整调和旋转角度。具体操作方法如下：

① 选中前面的直线调和，如图9-1-3所示。

② 在属性栏 中直接输入旋转的角度，按"Enter"键即可，在这里我们输入"60"，按"Enter"键，效果如图9-1-4所示。

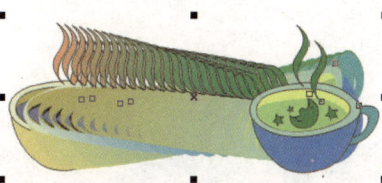

图 9-1-3 选中对象   图 9-1-4 调和效果1

（2）增删调和中的过渡对象。在CorelDRAW X4中，可以通过调整属性栏中的"步长和调和形状之间的偏移量" 来改变它们之间的对象数值。我们分别在"步长和调和形状之间的偏移量"中输入15和6，效果如图9-1-5所示。

(a) 为15步的效果   (b) 为6步的效果

图 9-1-5 调和效果2

（3）改变过渡对象的颜色。在CorelDRAW X4中，调和对象中间的过渡颜色由原始的两个对象的填充颜色决定。用户如果要改变它们之间的调和颜色，可以在属性栏中选择相应的旋转按钮进行改变，如图9-1-6所示。

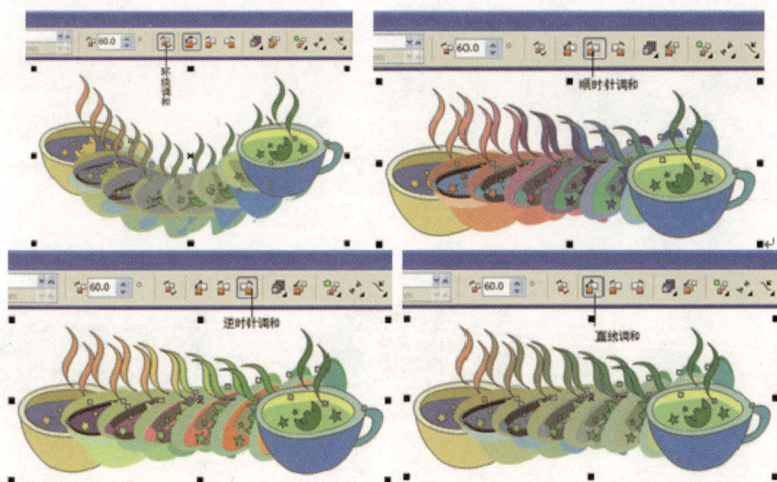

图 9-1-6 调和效果3

（3）改变过渡对象的形状。用户可以通过设置"对象和颜色加速"按钮和"杂项调和选项"按钮来改变调和效果。具体操作方法如下。

① 选中调和之后的对象，如图 9-1-7 所示：

② 在属性栏中单击"对象和颜色加速"按钮，弹出设置对话框，具体设置如图 9-1-8 所示。调和效果如图 9-1-9 所示。

图 9-1-7　选中调和对象　　　图 9-1-8　弹出的对话框　　　图 9-1-9　调和效果 4

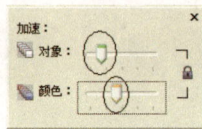

③ 单击属性栏中的"杂项调和选项"按钮，弹出快捷菜单，在快捷菜单中选择折分命令，此时，光标变成形状，并将移到调和对象的中间，在最后一个对象上单击，如图 9-1-10 所示，即可将调和对象拆分出来，并在按住鼠标左键不放的同时进行移动，效果如图 9-1-11 所示。

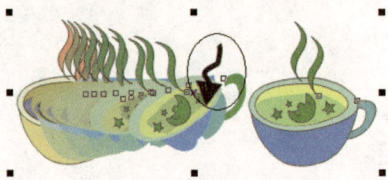

图 9-1-10　折分　　　　　　图 9-1-11　最终效果

3. 路径调和

路径调和是指调和对象沿路径产生过渡效果。具体的操作方法如下。

（1）绘制路径，如图 9-1-12 所示。

（2）利用调和工具创建调和对象，如图 9-1-13 所示。

（3）单击调和工具属性栏中的"路径属性"按钮，弹出下拉菜单，在下拉菜单中单选新路径命令，此时，光标变成形状，将其移到第一步创建的路径上的任意地方单击，最终效果如图 9-1-14 所示。

图 9-1-12　绘制路径　　　图 9-1-13　创建调和对象　　　图 9-1-14　路径调和的效果

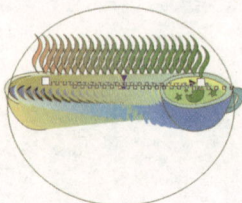

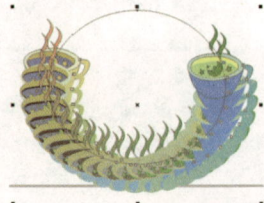

（4）将 调和 工具属性栏中的"步长和调和形状之间的偏移量" 改为 8 步，效果如图 9-1-15 所示。

（5）将光标移到 工具箱中的工具上按住左键不放，此时，弹出隐藏工具，在隐藏工具中单击 × 无项，此时，路径被隐藏，如图 9-1-16 所示。

图 9-1-15　偏移效果　　　　　　图 9-1-16　隐藏路径

4. 复合调和

复合调和是指对两个以上的对象进行直线调和，下面我们以对三个对象进行调和为例，讲述操作过程。具体操作方法如下：

（1）打开一个绘有图形对象的文件，如图 9-1-17 所示。

（2）在工具箱单选 调和 工具，将光标移到第一个对象上，在按住鼠标左键不放的同时，将光标移动到第二个对象上松开鼠标，即可创建调和效果，如图 9-1-18 所示。

（3）在页面的空白处单击，再将鼠标放到第二个对象上，在按住鼠标左键不放的同时，将光标拖到第三个对象上松开鼠标左键，即可创建复合调和效果，如图 9-1-19 所示。

图 9-1-17　打开文件　　　图 9-1-18　调和效果 5　　　图 9-1-19　复合调和效果

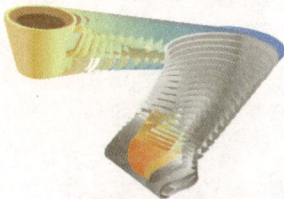

9.1.2　交互式轮廓图工具

在 CorelDRAW X4 中，轮廓图的效果与调和相似，它主要用于单个图形的中心轮廓线，形成以图形为中心渐变产生朦胧的边缘效果。轮廓图的操作方式主要包括到中心、向内、向外 3 种形式。在工具箱中单选"交互式轮廓图工具" ，此时，显示"交互式轮廓图工具"属性栏，如图 9-1-20 所示。交互式轮廓图工具的具体操作方法如下：

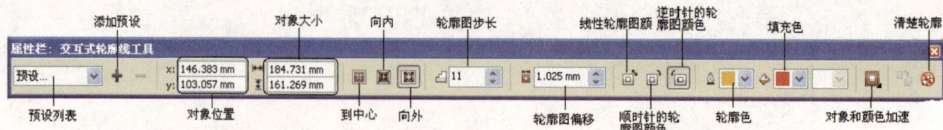

图 9-1-20 轮廓图工具的属性栏

（1）预设列表：用户可以在此下拉列表中选择系统提供的预设的效果。

（2）到中心：用户如果单击该按钮，轮廓图将由图形边缘向中心放射的轮廓图效果。在此方式下，轮廓图的步数将不能调整，轮廓图步数将根据所设置的轮廓偏移量自动进行调整。

（3）向内：用户如果单击该按钮，将调整为向对象内部放射的轮廓图效果。在此方式下，用户可以调整轮廓图的步数。

（4）向外：用户如果单击该按钮，将调整为向对象外部放射的轮廓效果图。用户可以调整轮廓图步数。

（5）轮廓图步数：用户可以在此文本框中输入需要的步数值来决定各步数之间的距离。

（6）线性轮廓图颜色：如果用户单击此按钮，将以直线颜色渐变的方式填充轮廓图的颜色。

（7）顺时针的轮廓图颜色：如果用户单击此按钮，将使用色轮盘中顺时针方向填充轮廓图的颜色。

（8）逆时针的轮廓图颜色：如果用户单击此按钮，将使用色轮盘中逆时针方向填充轮廓图的颜色。

（9）轮廓色：用来改变轮廓图中最后一轮轮廓图的轮廓颜色，同时过渡色也将随之改变。

（10）填充色：用来改变轮廓图中最后一轮轮廓图的填充颜色，同时过渡的填充色将随之改变。

1. 创建交互式轮廓图效果

（1）在页面中绘制如图 9-1-21 所示的图形效果。

（2）在工具箱中单选"交互式轮廓图工具" 回 ，将光标移到图形的中行位置，在按住鼠标左键不放的同时向外拖动鼠标，即可得到如图 9-1-22 所示的效果。此效果为"到中心"方式，其他两种方向的效果如图 9-1-23 所示。

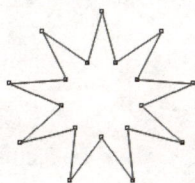

图 9-1-21 绘制图形　　图 9-1-22 轮廓图效果 1　　图 9-1-23 轮廓图效果 2

2. 设置轮廓图颜色

用户可以通过改变"轮廓色"和"填充色"来改变交互式轮廓图的渐变效果，通过不同的颜色设置，可以得到很多我们意想不到的效果。轮廓图颜色的设置具体操作方法如下。

接着上面往下讲：

（1）选中轮廓图效果，如图 9-1-24 所示。

（2）单击属性栏中的 ⬙■⌄ 的 ⌄ 按钮，弹出"颜色列表"，在"颜色列表"中选择需要的颜色，如图 9-1-25 所示。轮廓图效果，如图 9-1-26 所示。

图 9-1-24 选中轮廓图效果　　图 9-1-25 弹出颜色列表　　图 9-1-26 轮廓图效果 3

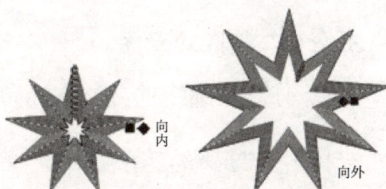

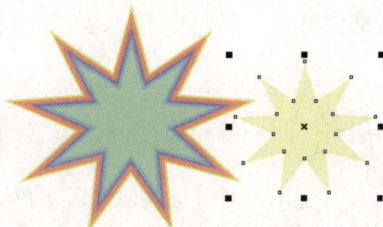

（3）在右边的"调色板"中单击"淡黄色"色块，此时轮廓图以淡黄色填充。

（4）单击属性栏中的 ⬙▢⌄ 的 ⌄ 按钮，弹出"颜色列表"，在"颜色列表"中选择"黄色"，最终轮廓图效果，如图 9-1-27 所示。

（5）单击工具箱中的"轮廓笔工具" ⬙，弹出隐藏的工具，在隐藏的工具中单击 ✕ 无 项，去掉轮廓图的轮廓边，最终效果如图 9-1-28 所示。

图 9-1-27 轮廓图效果 4　　　　图 9-1-28 去掉轮廓边的效果

3.分离与清除轮廓图

（1）分离轮廓图的方法很简单，具体操作方法如下。

选择需要分离的轮廓图形，在菜单栏中单击 `排列(A)` → `折分 轮廓图群组 于 图层 1(B) Ctrl+K` 命令，即可将轮廓图分离。分离之后的轮廓图用户可以使用"挑选工具"移动分离的对象。如图9-1-29所示。

（2）清除轮廓图的方法也很简单，具体操作方法如下。

选择需要清除轮廓的轮廓图形，单击工具属性栏中的"清除轮廓"按钮 即可，如图9-1-30所示。

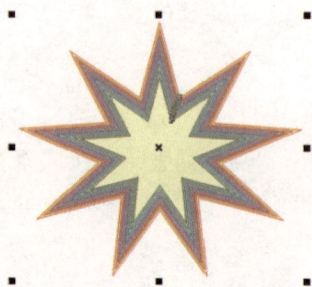

图 9—1—29　分离轮廓图　　　　　　图 9—1—30　清除轮廓图

9.1.3 交互式变形效果的使用

在 CorelDRAW X4 中，使用"交互式变形工具" 变形 ，可以对被选对象进行各种变形效果处理，"交互式变形工具" 变形 主要有推拉变形、拉链变形和扭曲变形三种变形效果。在工具箱中单选"交互式变形工具" 变形 ，此时，显示"变形"工具属性栏，如图9-1-31所示。

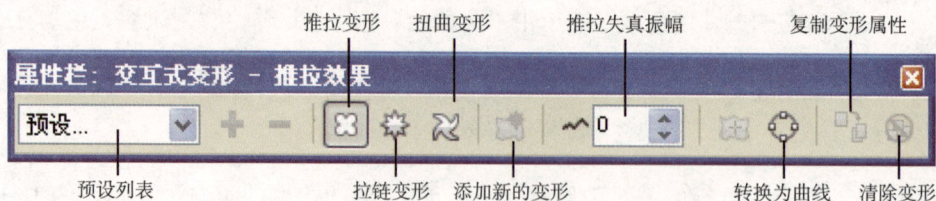

推拉变形　扭曲变形　　推拉失真振幅　　　　复制变形属性

属性栏: 交互式变形 - 推拉效果

预设...　　＋　－　　　　　　　　0

预设列表　　　　拉链变形　添加新的变形　　　转换为曲线　清除变形

图 9—1—31　交互式变形工具属性栏

推拉变形：通过此方式变形的对象，可以产生不同的变形效果。

拉链变形：通过此方式变形的对象，能使对象的内侧和外侧产生一系列的节点，从而使对象的轮廓变成锯齿状的效果。

扭曲变形：通过此方式变形的对象，能使对象围绕自身旋转，形成螺旋效果。

以上三种变形效果的具体操作方法如下。

1. 推拉变形

（1）新建一个空白文件，利用工具箱中的"星形工具"，在页面中绘制一个星形图形。并在右边的调色板中单击红色色块，将其星形填充为红色，如图9-1-32所示。

（2）单击工具箱中的"轮廓笔工具"按钮 ，此时，弹出快捷菜单，在快捷菜单的宽度下拉列表中单击"无"选项，将星形轮廓去掉，如图9-1-33所示。

（3）单选工具箱中的"交互式变形工具" 变形，再单击工具属性栏中的"推拉变形"按钮 。

（4）将鼠标移到"星形"图形上，按住鼠标左键不放的同时往右拖动，得到自己需要的效果后松开鼠标即可，如图9-1-34所示。如果按住鼠标左键不放的同时往左拖动，即可得到如图9-1-35所示的图形效果。

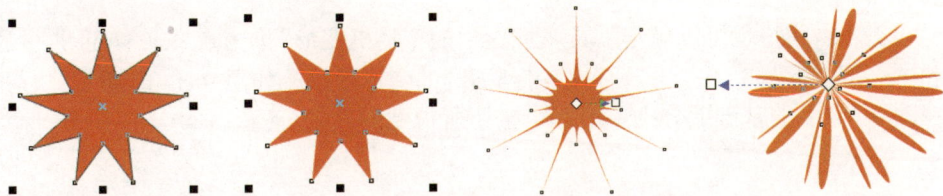

图 9-1-32 填充红色　图 9-1-33 去掉轮廓　图 9-1-34 往右拖动　图 9-1-35 往左拖动

提示：拖动变形控制线上的控制点□，可任意调整变形的失真振幅，拖动控制点◇，可调整对象的变形角度。如图9-1-36所示。

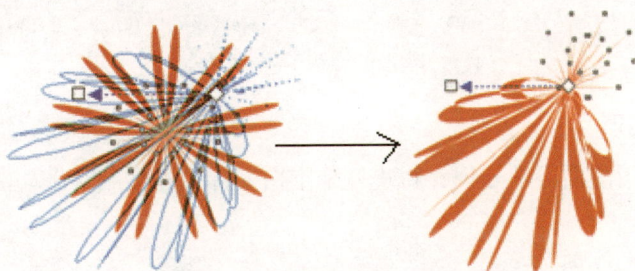

图 9-1-36　调整变形的角度

2. 拉链变形

（1）利用前面所学知识，新建一个空白文件，并绘制一个如图9-1-37所示的星形图形。

（2）单选工具箱中的"交互式变形工具" 变形，再单击工具属性栏中的"拉链变形"按钮 。

（3）将光标移到"星形"图形上，在按住鼠标左键不放的同时向外拖动鼠标，得到自己需要的效果后松开鼠标即可，如图 9-1-38 所示。

（4）用户也可以通过改变工具属性栏中的拉链失真振幅和拉链失真振频率来精确控制变形效果。如图 9-1-38 的拉链失真振幅和拉链失真振频率的数值为 〜81 〜5 ，如过我们改变这两个数值为 〜82 〜38 ，图形效果如图 9-1-39 所示。

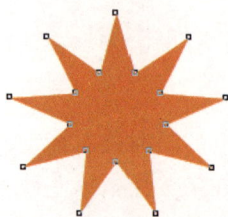

图 9-1-37 新建星形   图 9-1-38 右移鼠标   图 9-1-39 数值改变

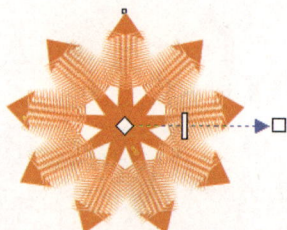

提示：用户也可以单击工具属性栏中的"随机变形" 、"平滑变形" 和"局部变形" 三个按钮可以得到不同的变形效果，如图 9-1-40 所示，它是在图 9-1-39 的基础上分别单击三个按钮所得到的效果。

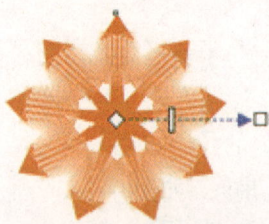

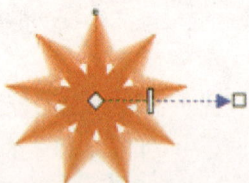

(a) 单击"随机变形"按钮的效果   (b) 单击"平滑变形"按钮的效果   (C) 单击"局部变形"按钮的效果
图 9-1-40 三种效果

3. 扭曲变形

（1）利用前面所学知识，新建一个空白文件，并绘制一个如图 9-1-41 所示的星形图形。

（2）单选工具箱中的"交互式变形工具" 变形，再单击工具属性栏中的"扭曲变形"按钮 ，此时工具属性栏如图 9-1-42 所示。

（3）将鼠标移到"星形"图形上，在按住鼠标左键不放的同时进行逆时针旋转，即可得到如图 9-1-43 所示的效果。

（4）如果单击属性栏中的"顺时针旋转"按钮 ，即可得到如图 9-1-44 所示的效果。

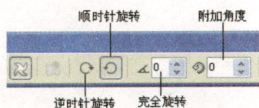

图 9-1-41　新建图形　　图 9-1-42　属性栏　　图 9-1-43　逆时旋转　图 9-1-44　顺时旋转

　　提示：用户可以通过改变工具属性栏中的"完全旋转"和"附加角度"来改变图形扭曲程度。如我们将完全旋转的数值改为"5"即可得到如图 9-1-45 所示的效果。

4.清除变形效果

　　清除变形效果的方法很简单，用鼠标单击工具属性栏中的按钮 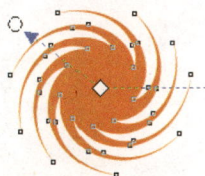 即可，如图 9-1-46 所示。

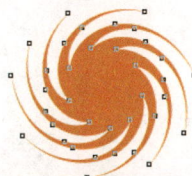

图 9-1-45　　完全旋转　　　　　　　　图 9-1-46　　清除变形

9.1.4　交互式阴影效果的使用

　　在 CorelDRAW X4 中，用户可以使用交互式阴影工具，使对象产生阴影效果，从而使对象产生较强的立体感。

　　下面我们来详细介绍创建阴影效果、编辑阴影效果以及分离和清除阴影效果的具体操作方法。

1.创建交互式阴影效果

　　（1）打开一个图形文件，如图 9-1-47 所示。

　　（2）在工具箱中单选"交互式阴影工具" 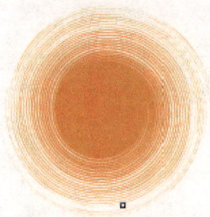，将鼠标移到图形的底部，在按住鼠标左键不放的同时，拖动鼠标到适当的位置松开鼠标即可，如图 9-1-48 所示。

　　提示：阴影效果线上的 □ 控制点是用来控制产生阴影的起始位置，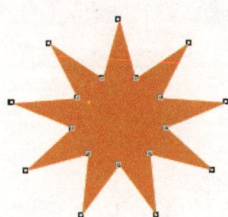 控制点是用来控制产生阴影的方向。我们通过改变这两个控制点可以得到不同的阴影效果，如图 9-1-49 所示。

图 9-1-47 打开图形文件   图 9-1-48 拖动鼠标   图 9-1-49 阴影效果

2. 编辑阴影效果

有时候用户在创建阴影效果之后，对自己创建的阴影效果并不满意。此时，我们可以通过改变工具属性栏中的各项设置来调整阴影效果。"交互式阴影工具"属性栏如图 9-1-50 所示。

图 9-1-50 调整属性栏

（1）阴影偏移：用来设置阴影与图形之间偏移的距离。正值表示向上或向右偏移，负值表示向下或向左偏移。注意：要先在对象上创建与对象相同形状的阴影效果后，该选项才能使用。在"X"和"Y"的输入框中输入"10"的偏移值后，阴影效果如图 9-1-51 所示。

（2）阴影角度：主要用来设置对象与阴影之间的透明角度。注意：要在对象上创建了透明的阴影效果之后，该选项才起作用。将阴影的角度设置为"45"度，效果如图 9-1-52 所示。

（3）阴影的不透明：主要用来设置阴影的不透明程度。数值越大，透明度越小，阴影颜色越深；数值越小，透明度越大，阴影颜色越浅。如图 9-1-53 是两个不同阴影值的效果。

(a) 阴影的不透明为 30   (b) 阴影的不透明为 70

图 9-1-51 阴影偏移   图 9-1-52 设置阴影角度   图 9-1-53 两个不同阴影值的效果

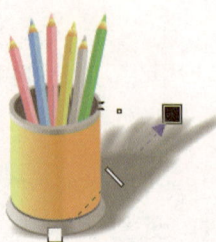

（4）阴影羽化：主要用来设置阴影的羽化程度，使阴影产生不同程度的边缘柔和效果。如图 9-1-54 所示。

（5）阴影羽化方向：主要用来控制阴影羽化的方向。阴影的羽化方向主要有四种，如图 9-1-55 所示。

（a）阴影羽化值为 15 时的效果　　（b）阴影羽化值为 60 时的效果

图 9-1-54　阴影羽化

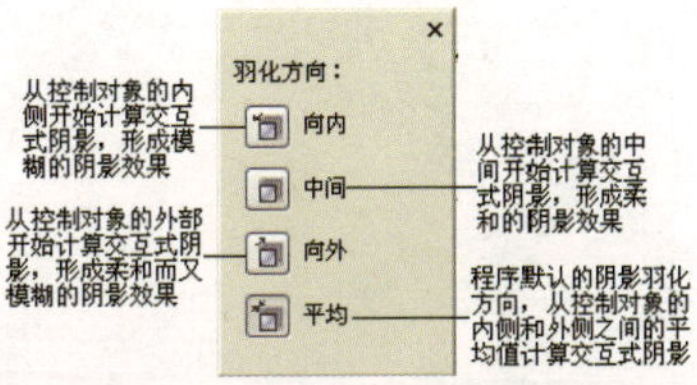

图 9-1-56　阴影羽化方向

如图 9-1-56 所示，是不同"阴影羽化方向"的阴影效果。

（a）向内　　　　（b）中间　　　　　（c）向外　　　　　（d）平均

图 9-1-56　不同的阴影羽化方向

（6）阴影颜色：主要用来控制阴影的颜色。在工具属性栏中单击■ ☑右边的 ☑图标，弹出如图 9-1-57 所示的下拉颜色列表，在颜色列表中选择需要的颜色，即可改变阴影的颜色，如图 9-1-58 所示。

图 9-1-57　阴影颜色

图 9-1-58　改变阴影颜色

3. 分离和清除阴影效果

在 CorelDRAW X4 中用户可以将对象和阴影分离成两个相互独立的对象，分离后的对象仍保持原有的颜色和状态。分离的方法很简单，选择阴影对象，单击

菜单栏中的 排列(A) 的 折分 阴影群组 于 315274262343 1(B) Ctrl+K 命令，即可将对象与阴影分离成两个相互独立的对象，此时，我们就可以使用工具箱中的工具对它们进行独立的操作，如图 9-1-59 所示。

如果我们对创建的交互式阴影效果不满意，可以清除。方法也很简单，只要单击工具属性栏中的 按钮即可，如图 9-1-60 所式。

图 9-1-59　分离阴影　　　　　　　　　　图 9-1-60　清除阴影

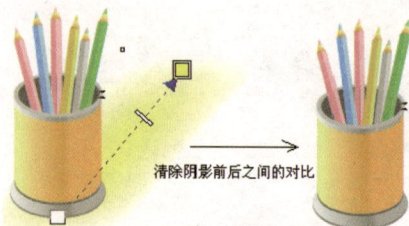

9.1.5 封套效果的使用

对对象设置封套功能之后，可以对对象进行各种各样的变形处理，变形后的文本仍然保持其对象的属性。当用户取消封套效果之后，对象又将恢复为原来的状态。创建封套的详细操作方法如下。

1. 创建封套效果

① 打开一个图形文件，使用"挑选工具" ，将图形选中，如图 9-1-61 所示。

② 在工具箱中单选"封套" 封套，此时，被选中的图形对象会出现蓝色的封套编辑框，如图 9-1-62 所示。

③ 将鼠标移到蓝色封套编辑框中的"蓝色小四方块"上面，按住鼠标左键不放的同时进行拖动即可改变图形的形状，也可以拖动控制点的手柄来改变图形形状。如图 9-1-63 所示。

图 9-1-61　选中图形　　图 9-1-62　出现封套编辑框　　图 9-1-63　改变图形形状

提示：用户在选中图形对象之后，单击菜单栏中的 窗口(W) → 泊坞窗(D) → 封套(E) 命令，弹出"封套"设置对话框，在"封套"设置对话框中单击 添加预设 按钮，选择需要的封套效果如图 9-1-64 所示，单击 应用 按钮，即可将封套应用于被选定的对象上，如图 9-1-65 所示。

图 9-1-64　选择封套效果　　　　　　　图 9-1-65　应用于选定对象

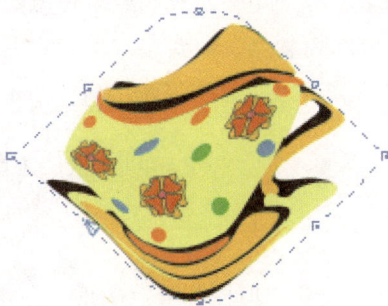

2.封套效果的编辑

在工具箱中单选"封套"🔲 封套，再单击图形对象，图形对象周围出现封套编辑框，此时，用户可以结合 🔲 封套工具属性栏编辑封套形状。属性栏如图 9-1-66 所示。

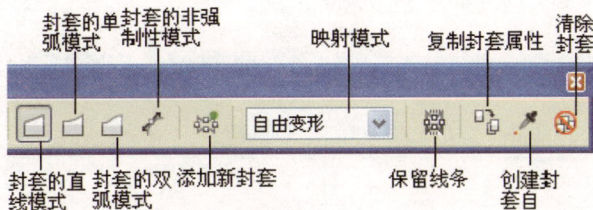

图 9-1-66　封套工具属性栏

①封套的直线模式：单击该模式按钮，在移动封套控制点的时候，保持封套边线为直线段。如图 9-1-67 所示。

②封套的单弧模式：单击该模式按钮，在移动封套控制点时，封套边线将变为单弧线，如图 9-1-68 所示。

③封套的双弧模式：单击该模式按钮，在移动封套的控制点时，封套边线将变为 S 形弧线，如图 9-1-69 所示。

④添加新封套：单击该按钮，蓝色封套编辑框将恢复为未进行任何编辑时的状态，而应用了封套的图形对象仍保持封套效果，此时，用户可以再进行新的封套编辑。如图 9-1-70 所示。

图 9-1-67　直线模式　　图 9-1-68　单弧模式　　图 9-1-69 双弧模式　　图 9-1-70　添加新封套

在 CorelDRAW X4 中，我们可以像编辑曲线一样编辑封套，也可以在封套线上添加或者删除控制点，只要用户单击封套工具属性栏中的"封套的非强制性模式"按钮 🖊，就可以对封套形状进行任意编辑。

（1）给封套添加控制节点的方法有三种，具体操作方法如下。

① 直接在封套线上添加控制节点的地方双击鼠标左键。

② 在封套线上添加控制节点的地方单击，然后单击小键盘上的"+"键。即可添加控制节点。

③ 在封套线上添加控制节点的地方单击，然后单击工具属性栏中的 🔳 按钮，也可添加控制节点。

（2）删除封套线上的控制节点也有三种方法，具体操作方法如下。

① 直接双击需要删除的控制节点。

② 选择需要删除的控制节点，按键盘上的"Delete"键或小键盘上的"−"键。

③ 选择需要删除的控制节点，单击工具属性栏中的 🔳 按钮，也可删除控制节点。

提示：在 CorelDRAW X4 中，封套效果不仅应用单个图形对象、文本，也可以应用于多个群组后的图形和文本对象。这有利于用户在实际设计中控制和处理变形效果。

9.1.6 交互式立体化效果的使用

在 CorelDRAW X4 中，利用交互式立体化工具可以轻易地将任何一个封闭曲线或是艺术文字转化为立体的具有透视效果的三维对象，还可以像专业三维软件那样，让用户任意调整观察者的视觉以及灯光设置、色彩、倒角等。

1. 创建交互式立体化效果

下面我们来详细讲解创建立体化效果的方法。

① 利用工具箱中的 ☆ 星形(S) 工具，在页面中绘制一个星形图形，并填充为蓝色，如图 9-1-71 所示。

② 使用工具箱中的 ○ 多边形(P) 工具，在页面中绘制一个多边形图形，大小、位置、填充颜色如图 9-1-72 所示。

③ 利用工具箱中的"挑选"工具 ，将两个图形全部选中，单击工具属性栏中的"修剪"按钮 ，如图9-1-73所示，单击多边形，再单击键盘上的"Delete"键，即可得到如图9-1-74所示的图形效果。

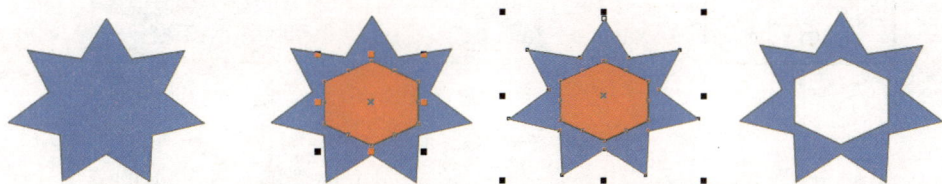

图9-1-71 绘制星形　图9-1-72 绘制多边形　图9-1-73 修剪　图9-1-74 效果

④ 将绘制的图形进行保存，并命名为"交互式立体效果创建.cdr"。

⑤ 在工具箱中单选 立体化工具，在绘制图形上单击，在按住鼠标左键不放的同时拖动鼠标，拖出用户自己需要的效果时，松开鼠标左键即可，最终效果如图9-1-75所示。

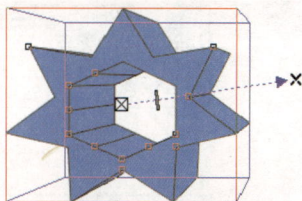

图9-1-75 最终效果

2.设置立体化效果的属性栏

用户通过"交互式立体化工具"属性栏的设置，可以设计出很多漂亮的图形效果。单击工具箱中的 立体化 工具，为图形创建立体化效果，此时，显示 立体化 工具属性栏如图9-1-76所示。

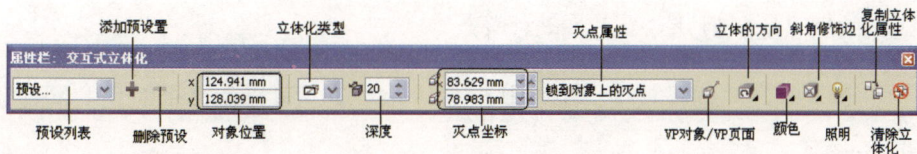

图9-1-76 立体化工具属性栏

（1）预设列表：用户可以选择系统提供的预设样式。

（2）立体化类型：单击"立体化类型" 右边的 按钮，弹出"立体化类型"选项，在"立体化类型"中选择需要的样式，如图9-1-77所示。图形效果如图9-1-78所示。

（3）深度：主要用来控制立体化效果的纵深度。用户在"深度"右边的文本输入框中输入数值即可，数值越大，深度越深。在文本输入框中输入"25"，图形效果如图9-1-79所示。

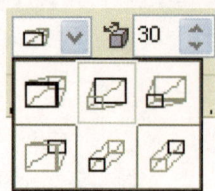

图 9-1-77　选择样式　　图 9-1-78　图形效果1　　图 9-1-79　图形效果2

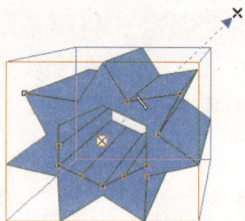

（4）灭点坐标：立体化效果之后，在对象上出现的箭头指示的"⤬"点的坐标。用户可以在工具属性栏中的 ⬚ 和 ⬚ 右边的文本输入框中输入数值来决定灭点坐标。

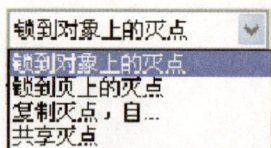

图 9-1-80　灭点属性

（5）灭点属性：单击工具属性栏中的 锁到对象上的灭点 右边的 ⌄ 按钮，弹出如图 9-1-80 所示的列表框。在此列表框中主要包括四个选项。各个选项的作用分别是：

① 锁到对象上的灭点 ：该项是立体化效果中灭点的默认属性，是指将灭点锁定在对象上，当用户移动对象时，灭点和立体效果也随之移动。

② 锁到页上的灭点 ：选择该项，当移动对象时，灭点的位置保持不变，而对象的立体化效果随之改变。

③ 复制灭点，自… ：选择该项，鼠标状态发生改变，此时，用户可以将立体化对象的灭点复制到另一个立体化对象上。

④ 共享灭点 ：选择该项，单击其他立体化对象，可以使多个对象共同使用一个灭点。

（6）立体的方向：该项主要用来改变立体化效果的角度。单击"立体的方向"按钮 ⬚ ，弹出如图 9-1-81 所示的下拉面板，用户可以在下拉面板中的圆形范围内按下鼠标左键不放，同时拖动鼠标，如图 9-1-82 所示，即可改变立体化效果。如图 9-1-83 所示的效果，用户可以单击下拉面中的 ⬚ 按钮，可以看到刚才改变旋转的三维坐标值，用户也可以直接在右边的文本输入框中输入坐标值来改变旋转效果，如图 9-1-84 所示。

图 9-1-81　下拉面板1　图 9-1-82　下拉面板2　图 9-1-83　旋转的效果　图 9-1-84　旋转值

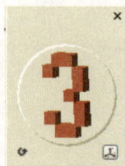

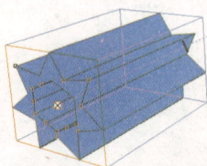

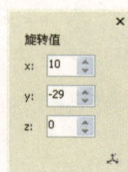

（7）颜色：主要用来设置立体化效果的颜色。单击该"颜色"按钮，弹出颜色设置面板，在该面板中有三个功能按钮，各按钮对应的设置面板如图9-1-85所示。分别点击"纯色"和"使用递减的颜色"两个按钮，面板设置对应的图形效果如图9-1-86、图9-1-87所示。

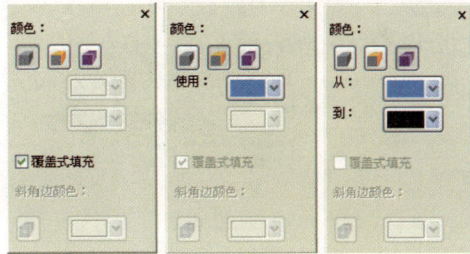

图9-1-85　三个面板

图9-1-86　使用纯色填充

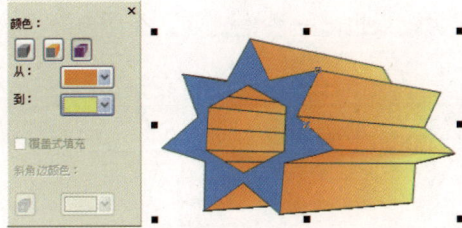

图9-1-87　使用递减颜色效果

（8）斜角修饰边：在工具属性栏中单击 按钮，弹出下拉面板，如图9-1-88所示，下拉面板的设置与对应图形的效果如图9-1-89所示。

图9-1-88　下拉面板与效果1

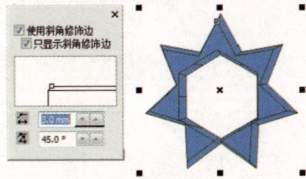

图9-1-89　下拉面板与效果2

（9）照明：主要用于调整立体化的灯光效果。单击工具属性栏中的 "照明"按年，弹出如图9-1-90所示的下拉面板。此面板中有三个光源，不同光源所对应的照明效果如图9-1-91至图9-1-93所示。

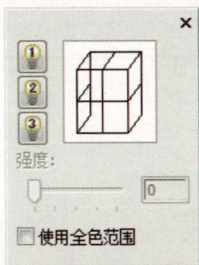

图9-1-90　下拉面板3

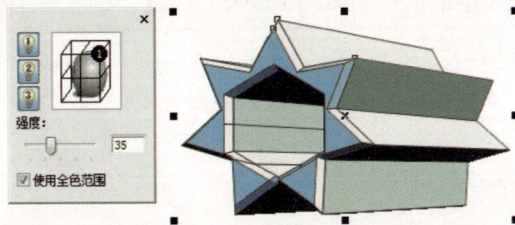

图9-1-91　照明效果1

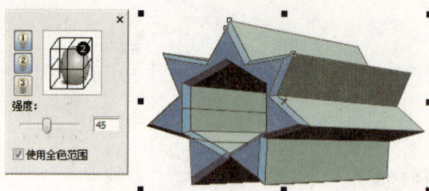

图 9-1-92　照明效果 2　　　　　　　　图 9-1-93　照明效果 3

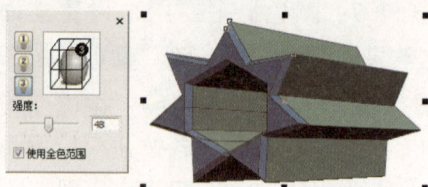

提示：用户可以将鼠标移到"光线强度预览"圆球的数字上，在按住鼠标左键不放的同时移动鼠标，此时，圆球上的数值的位置也发生改变，立体化的灯光照明效果也随之发生改变，如图 9-1-94 所示。

（10）清除立体化：此按钮的主要作用是清除立体化效果。只要用户单击工具属性栏中的"清除立体化"按钮 ，即可将立体效果删除，如图 9-1-95 所示。

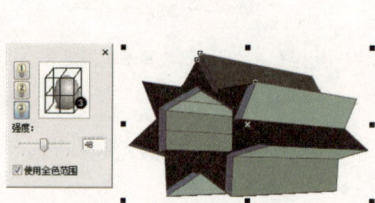

图 9-1-94　立体化的效果　　　　　　　图 9-1-95　清除立体化

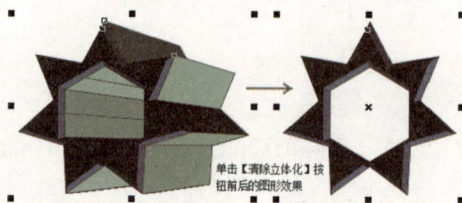

9.1.7 交互式透明效果的使用

在 CorelDRAW X4 中，交互式透明工具主要用来给对象添加均匀、渐变、图案和材质等透明效果。应用透明工具可以很好地表现出对象的光滑质感，增强对象的真实效果。交互式透明效果不仅应用于矢量图形，还可以应用于文本和位图图像。交互式透明效果操作很简单，下面我们详细介绍透明效果的相关知识。

1. 创建透明效果

① 新建一个空白文档保存，并命名为"交互式透明效果 .cdr"。

② 在菜单栏中单击 文件(F) → 导入(I)… 命令，弹出"导入"对话框，对话框的设置如图 9-1-96 所示，单击 导入 按钮，再在页面中单击，即可导入如图 9-1-97 所示的图片。

图 9-1-96　设置对话框

图 9-1-97　导入图片

③ 在工具箱中单击 透明度 工具，将鼠标移到页面中的图片底边中央位置按住鼠标左键不放的同时，往上拖动即可创建交互式透明效果，如图9-1-98所示。

提示：交互式透明效果中的□确定透明的起始点，■确定交互式透明的终点，交互式透明效果线上的━确定从起点到终点之间的渐变程度。用户可以通过它们来调节透明效果。

2. 编辑透明效果

在 CorelDRAW X4 中，用户可以通过设置"交互式透明工具"属性栏和手动调节两种方法来调整对象的透明效果。创建交互式透明效果之后，工具属性栏如图 9-1-99 所示。

图 9-1-98　透明效果1

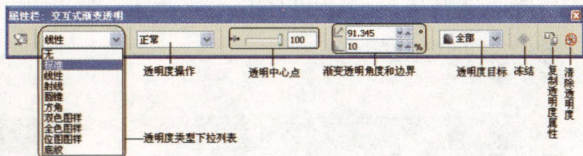

图 9-1-99　交互式透明工具属性栏

（1）无：选择该项，交互式透明效果将被取消。

（2）标准：选择该透明类型，整个对象都呈现出交互式透明效果。

（3）线性：选择该透明类型，在对象上产生沿交互直线方向渐变的交互式透明效果。

（4）射线：选择该透明类型，将产生一系列以同心圆方式渐变的交互式透明效果。

（5）圆锥：选择该透明类型，将产生按圆锥渐变的交互式透明效果。

（6）方角：选择该透明类型，将产生按方角渐变的交互式透明效果。

（7）双色图样：选择该透明类型，将产生按双色图样渐变的交互透明效果。

（8）全色图样：选择该透明类型，将产生按全色图样渐变的交互式透明效果。

（9）位图图样：选择该透明类型，将产生按位图图样渐变的交互式透明效果。

（10）底纹：选择该透明类型，将产生自然外观的随机底纹的交互式透明效果。

3．创建标准透明度模式

（1）利用前面所学知识导入一张图片，如图 9-1-100 所示。

（2）在工具箱中单选 ▽ 透明度工具，对图片创建交互式透明效果。工具属性栏如图 9-1-101 所示。

图 9-1-100　导入图片

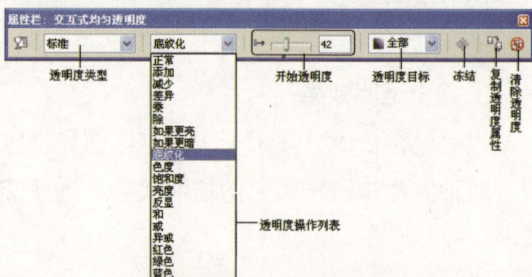

图 9-1-101　透明度的属性

① 透明度操作：主要用来设置透明对象与下层对象进行叠加的模式。我们在"透明度操作"下拉列表中分别选择"乘"和"反显"项，对象的交互式透明效果如图 9-1-102 所示。

(a) 透明度操作模式选择（乘）时的效果

(b) 透明度操作模式选择（反显）时的效果

图 9-1-102　两种交互式透明效果

②开始透明度：主要用来设置对象的透明程度。数值越大，透明度越强，数值越小，透明度越小。我们将"开始透明度"分别设置为"40"和"75"的透明度，所得到的效果如图9-1-103所示。

(a) 开始透明度的数值为"40"透明效果　　　(b) 开始透明度的数值为"75"透明效果

图9-1-103　开始透明度

③透明目标：主要用来设置对象透明效果的范围。"透明目标"主要包括："填充"、"轮廓"和"全部"三种，一般情况下系统默认为"全部"，如图9-1-104所示。

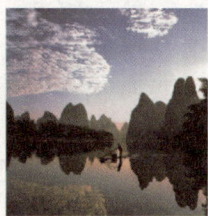

(a) 没有创建透明度　　(b) 创建透明度效果，　　(c) 创建透明度效果，　　(d) 创建透明度效果，
效果时的图形　　　　而且（透明目标）　　　而且（透明目标）　　　而且（透明目标）
　　　　　　　　　　为（全部）时的效果　　为（填充）时的效果　　为（轮廓）时的效果

图9-1-104　透明目标

提示：从图9-1-104可以看出，选择"填充"时，只对对象的内部填充范围应用透明度效果。选择"轮廓"时，只对对象的轮廓范围应用透明度效果。选择"全部"时，对整个对象应用透明度效果。

4．创建线性透明度模式的

① 导入一张图片，如图9-1-105所示。

② 在工具箱中单击 透明度工具，透明度工具属性栏如图9-1-106所示。

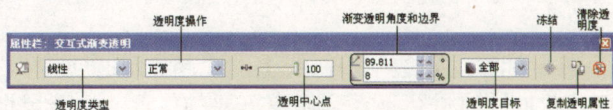

图9-1-105　图片导入　　　　　　图9-1-106　设置属性栏

③ 将鼠标移到页面中的图片底边中心点按住鼠标左键不放的同时，往上拖动到需要的位置松开鼠标，即可得到所需要的效果，如图 9-1-107 所示。

④ 在 透明度 工具属性栏中的"透明中心"右侧文本输入框中分别输入"30"和"65"，透明效果如图 9-1-108 所示。

图 9-1-107　上拖鼠标的效果

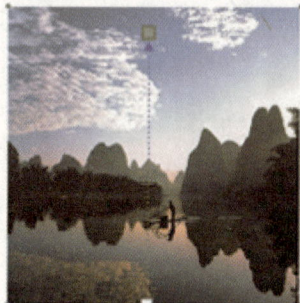

(a) 在（透明中心点）右侧文本输入数值"30"时的效果

(b) 在（透明中心点）右侧文本输入数值"65"时的效果

图 9-1-108　透明效果

⑤ 单击 透明度 工具属性栏中的 按钮，弹出"渐变透明度"设置对话框，具体设置如图 9-1-109 所示，单击 确定 按钮，所得效果如图 9-1-110所示。

提示：编辑透明属性之后，再单击 按钮，打开"渐变透明度"设置对话框时，你就会发现我们设置的渐变颜色自动转换为灰度模式，如图 9-1-111 所示。用户要明白使用黑色填充时，该位置上的透明度为完全透明；使用白色填充时，该位置上的透明度为完全不透明。

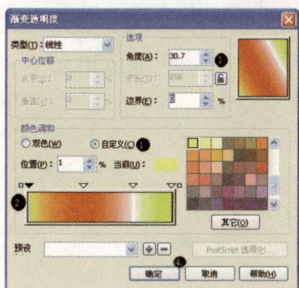

图 9-1-109　渐变透明度　　图 9-1-110　渐变透明效果　　图 9-1-111　颜色转换

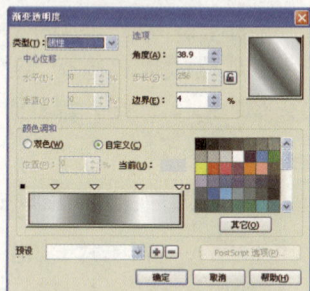

在 CorelDRAW X4 中，用户不仅可以通过 透明度 工具属性栏的设置来调节透明效果，还可以直接手动调节透明效果。手动调节透明效果的方法如下。

① 将鼠标移动到透明控制线上的"起点" 或"终点" 控制点，按住鼠标左键不放的同时进行拖动到用户需要的位置，松开鼠标即可调节透明效果。

②拖动除"起点"和"终点"控制点之外的点，可调整控制点在控制线上的位置。在除"起点"和"终点"控制点之外的点上单击鼠标右键，即可删除该控制点。

③如果用户直接将"调色板"中所需要的颜色拖到对应的控制点上，当鼠标改变形状时松开鼠标，即可改变该控制点的透明参数。如果直接将"调色板"板中的色块拖到控制线上，当鼠标变成 形状时松开鼠标，即可在控制线上添加一个控制点，并且将相应的透明参数赋予该控制点。

5.创建射线透明模式

接着上面往下做：

在 透明度 工具属性栏中的"透明度类型"下拉列表中选择"射线"项，此时，对象透明效果如图9-1-112所示。"射线透明模式"下的工具属性栏的设置与"线性透明模式"下的工具属性栏设置相同，在此，不再详细介绍。

单击工具属性栏中的 按钮，弹出"渐变透明度"设置对话框，具体设置如图9-1-113所示，单击 确定 按钮，即可得到如图9-1-114所示的交互式透明效果。

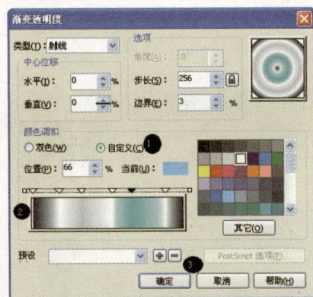

提示：射线透明效果也可以使用手动的方式来调节，调节方法与线性透明方式的调节相同，在此，不再详细介绍。

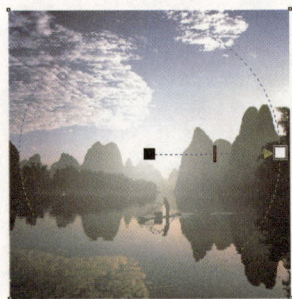

图9-1-112 透明效果2　　图9-1-113 设置对话框1　　图9-1-114 交互式透明效果

6.创建圆锥透明模式

接着上面往下做：

在 透明度 工具属性栏中的"透明度类型"下拉列表中选择"圆锥"项，此时，对象透明效果如图9-1-115所示。"圆锥透明模式"下的工具属性栏的设置与"线性透明模式"和"射线透明模式"下的工具属性栏设置相同，在此，不再详细介绍。

单击工具属性栏中的 按钮，弹出"渐变透明度"设置对话框，具体设置如图 9-1-116 所示，单击 确定 按钮，即可得到如图 9-1-117 所示的交互式透明效果。

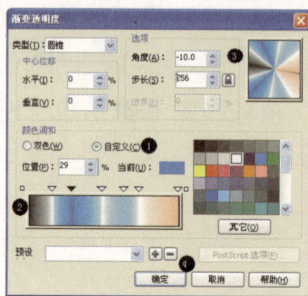

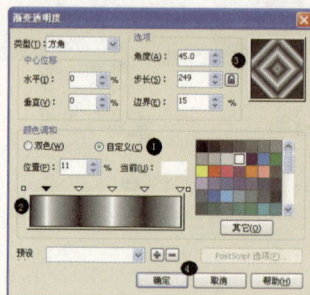

图 9-1-115　透明效果 3　　　图 9-1-116　设置对话框 2　　　图 9-1-117　交互式透明效果 2

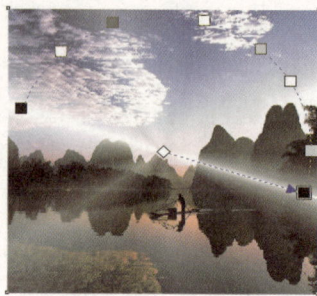

7. 创建方角透明模式

接着上面往下做：

在 透明度 工具属性栏中的"透明度类型"下拉列表中选择"方角"项，此时，对象透明效果如图 9-1-118 所示。"方角透明模式"下的工具属性栏的设置与"线性透明模式"和"射线透明模式"下的工具属性栏设置相同，在此，不再详细介绍。

单击工具属性栏中的 按钮，弹出"渐变透明度"设置对话框，具体设置如图 9-1-119 所示，单击 确定 按钮，即可得到如图 9-1-120 所示的交互式透明效果。

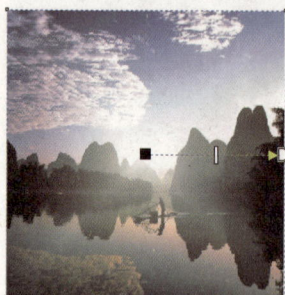

图 9-1-118　透明效果 4　　　图 9-1-119　设置对话框 3　　　图 9-1-120　交互式透明效果 3

8. 创建双色图案、全色图样、位图图样和底纹透明模式

接着上面往下做：

它们的创建方法同前面的创建方法相同，在这里就不再详细介绍。我们分别选择相应的模式以及工具属性栏的设置如图 9-1-121 所示，对应的透明效果模式如图 9-1-12 所示。

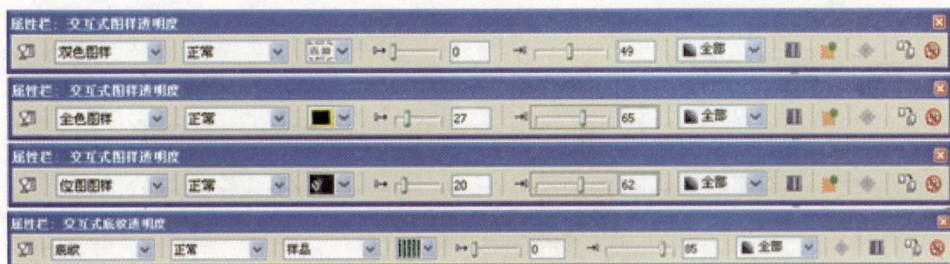

图 9-1-121 工具属性栏的设置

(a) 双色图样　　　(b) 全色图样　　　(c) 位图图样　　　(d) 底纹图样

图 9-1-122 对应的透明效果

提示：单击工具属性栏中的 按钮，即可弹出相应的"渐变透明度"设置对话框，设置方法跟前面介绍的方法一样，在这里我们就不再重复介绍了。

9.2 交互式填充工具与网状填充工具

9.2.1 交互式填充工具的使用

CorelDRAW X4 为用户提供了一种最方便的填充方式。用户可以很方便地在工具属性栏中选择各种填充方式和设置各种填充参数。交互式填充方式主要包括了"无填充"、"均匀填充"、"线性"、"射线"、"圆锥"、"方角"、"双色图样"、"全色图样"、"位图图样"、"底纹图样"和"Postscript 填充"十一种填充方式。交互式填充方式的具体操作方法如下：

① 打开一个图形文件，并选择需要填充的图形，如图 9-2-1 所示。

② 在工具箱中单击 交互式填充 工具，此时，弹出如图 9-2-2 所示的工具属性栏。

图 9-2-1 选择填充的图形

图 9-2-2 工具属性栏

③ 在这里我们以圆锥填充类型为例，工具属性栏的具体设置和图形填充效果，如图 9-2-3 所示。

图 9-2-3　交互式填充的效果

提示：其他交互式填充类型的工具属性栏的设置和操作方法，与前面的"填充"对话框的渐变填充类似，在这里不再叙述。

9.2.2 网状填充工具的使用

在 CorelDRAW X4 应用软件为用户提供了一种特殊的填充方式，即网状填充方式。

使用网状填充工具可以为对象填充出复杂多变的网状效果。还可以在不同的网点上填充出不同的颜色效果。用户要注意：网状填充方式只能填充封闭对象和单条路径。使用网状填充，还可以指定网格的列数和行数，以及指定网格的交叉点等。

网状填充方式的具体操作方法如下：

① 打开一个图形文件或自己在空白文档中新建一个图形文件，如图 9-2-4 所示。

② 在工具箱中单击　网状填充，图形被添加上了网格，如图 9-2-5 所示。

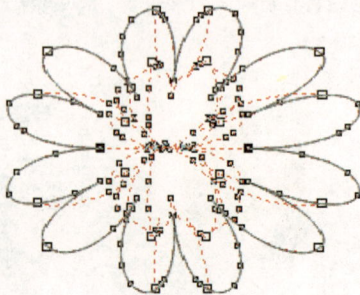

图 9-2-4　打开或新建图形文件

图 9-2-5　添加网格

③ 用户可以根据实际需要来添加或删除网点。添加网格点的方法为在红色的网格线上需要添加网点的地方单击，此时出现一个 ✳ 符号，在工具属性栏单击 ⊞ 按钮，即可添加一个网格点。删除网点的方法为选中需要删除的网格点，在工具属性栏中单击 ⊟ 按钮，即可删除选中的网点。

④ 选择网格中的网点，此时，工具属性栏如图 9-2-6 所示。

图 9-2-6　网状填充的属性栏

⑤ 用鼠标在网格中拖出一个框，将需要选择的点框住，图 9-2-7 所示的是蓝色线框住的点。松开鼠标，被框住的点被选中，如图 9-2-8 所示。

⑥ 用鼠标在页面右边的调色板中单击需要填充的颜色，在这里我们单击"红色"色块，此时，图形的填充效果如图 9-2-9 所示。

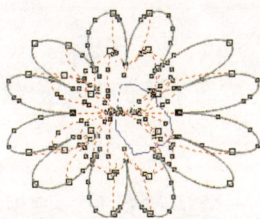 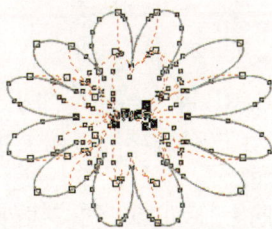 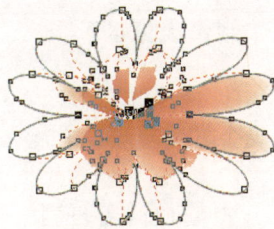

图 9-2-7　框住点　　　　　图 9-2-8　选中点　　　　　图 9-2-9　填充效果

⑦ 使用第 5 步和第 6 步的方法，选择自己需要的颜色进行填充，效果如图 9-2-10 所示。

⑧ 单击工具箱中的"轮廓"工具 的 ✕ 无，去掉图形的轮廓，再在工具箱中单击"挑选"工具，即可得到如图 9-2-11 所示的图形效果。

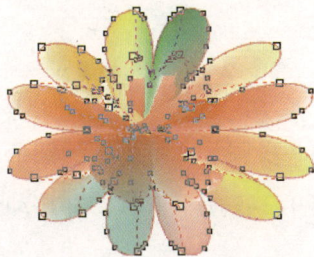 

图 9-2-10　填充完颜色　　　　　　　图 9-2-11　最终效果

9.3 实例练习

9.3.1 制作水晶按钮

在制作之前，首先要分析一下按钮的各部分组成及其形状，典型的水晶按钮（图 9-3-1）大致分为以下几部分：按钮主体、按钮阴影部分、光泽区、光泽区的透明渐变、高亮区。文本字符及其阴影，如图 9-3-2 所示。

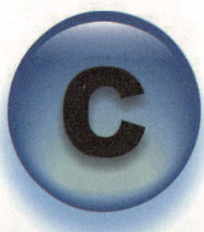

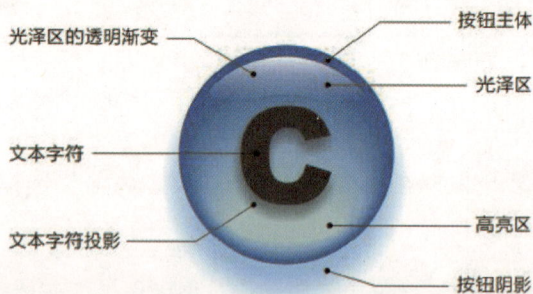

图 9-3-1　水晶按钮　　　　　图 9-3-2　文本字符及阴影

制作步骤如下：

① 选择椭圆工具，按住 CTRL 键，绘制一个圆，作为按钮主体的基本形状，如图 9-3-3 所示，其大小取决于你要制作的按钮大小。

② 将此圆再复制一个：向上拖动圆，到按钮外形上方合适位置时，按鼠标右键再放开（或者按小键盘上"+"键），如图 9-3-4 所示。

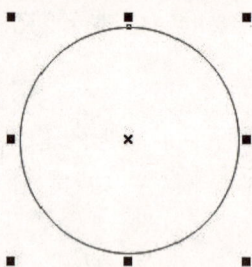

图 9-3-3　绘制轮廓　　　　　图 9-3-4　复制轮廓

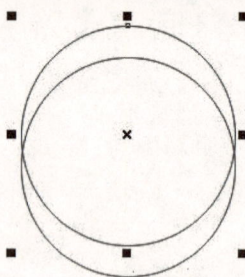

③ 复制的圆作为按钮的光泽区，还需要进一步调节：将复制的圆形转换成曲线，用 ![形状工具图标]形状工具调整节点将其塑形成如图 9-3-5 所示形状，并移动到大圆内部适当位置。

④ 现在创建高亮区域，并添加透视效果：在按钮外形的内部下方绘制一个椭圆，如图 9-3-6 所示，使其宽度略小于按钮，高度要小许多。

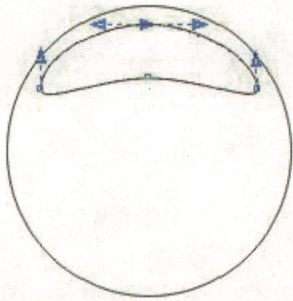

图 9-3-5　塑形复制圆　　　　　　　图 9-3-6　绘制椭圆

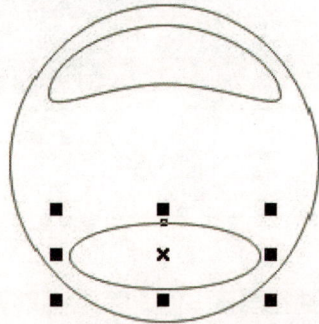

⑤ 选择椭圆，打开"效果"菜单上的"添加透视"命令，按下 Shift 和 Ctrl 健，向外拖动椭圆上部的透视控制点，如图 9-3-7 所示。

⑥ 现在有了所需的基本外形了，首先，去掉各个基本图形的轮廓线，加上填充色。具体的颜色值设置如下：按钮主体：（R=62；G=106；B=203）高亮区：（R=216；G=254；B=253），并去掉轮廓。如图 9-3-8 所示。

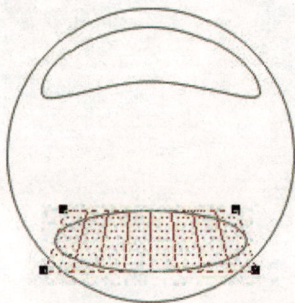

图 9-3-7　拖动椭圆　　　　　　　　图 9-3-8　初步填色

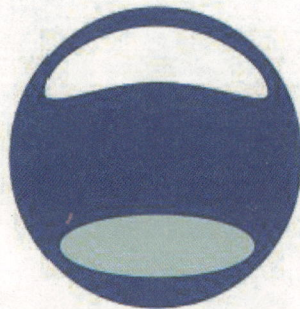

⑦ 可以看出，按钮只是初步完成填色，还要进一步的精心修饰。我们先来给光泽区美化修饰：选择交互式调和工具 🖌️，从高亮区中心拖动到按钮主体的中心，建立一个调和效果，如图 9-3-9 所示，其中调和的步长请学生自己尝试。如果按钮主体和高亮区的调和将光泽区遮挡住，请用"Shift+PgUp"命令将光泽区安排到最前面。

⑧ 选择交互式透明工具 🍸，按下 Ctrl 键，从光泽区顶部向下拖动，建立一个独特而又清晰的透明渐变效果，如图 9-3-10 所示，光泽区的透明渐变颜色设置是：起点为白色；终点为黑色。

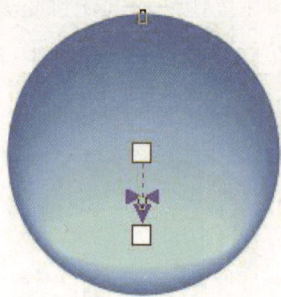

图 9-3-9　调和对象　　　　　　　　图 9-3-10　设置渐变颜色

⑨ 选择按钮主体，用交互式阴影工具 加上柔和的阴影效果，如图 9-3-11 所示，在属性栏上适当调节阴影的不透明度和羽化程度，注意羽化程度数值不要太低。

⑩ 在按钮中间再加上文本或字符，并加上阴影效果，如图 9-3-12 所示。

⑪ 最终效果如图 9-3-13 所示。

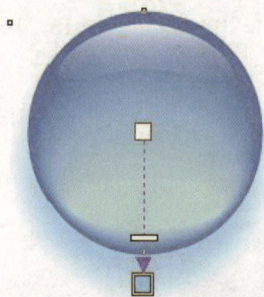

图 9-3-11　设置阴影　　　　图 9-3-12　添加文本　　　　图 9-3-13　最终效果

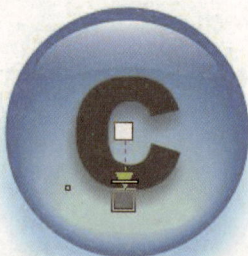

9.3.2　制作线条变幻线

制作步骤如下：

① 随便画一条线，如图 9-3-14 所示。

图 9-3-14　绘制线条

②按 Ctrl+D 复制一条，如图 9-3-15 所示。

③选用交互式调和工具，如图 9-3-16 所示。

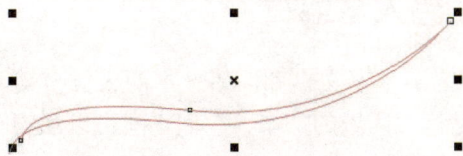

图 9-3-15　复制线条　　　　　　　　　　图 9-3-16　调和线条

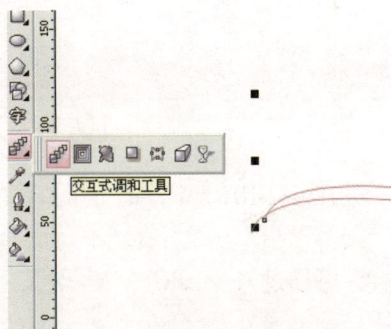

④点一条线然后拖动鼠标到另一条线，得到如图 9-3-17 所示效果。

⑤用选取工具先在空白地方点一下，用放大工具放大，然后在这个边缘点击，选取最外面的线条，如图 9-3-18 所示。

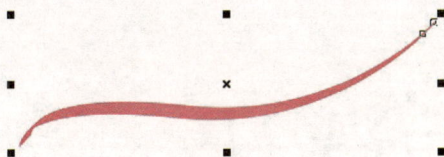

图 9-3-17　绘制效果　　　　　　　　　　图 9-3-18　选取线条

⑥把选中的线条移动，旋转，就得到这个效果了，如图 9-3-19 所示。

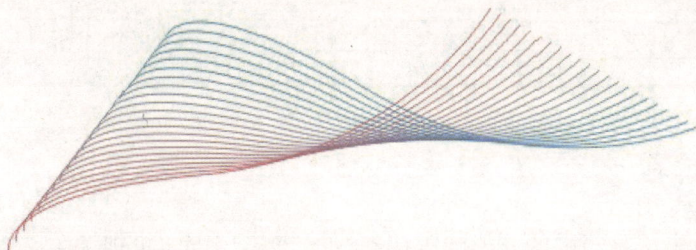

图 9-3-19　最终效果

第 10 章　文字处理

10.1　文字的输入与编辑

在 CorelDRAW 中，输入的文本可分为美术字文本和段落文本两大类。美术字文本是指单个文字对象，而段落文本是指大区域的文本，它们之间可以互相转换。可通过 CorelDRAW X4 对其进行编辑和排版。

10.1.1　美术字文本

1. 美术字文本的输入

输入美术字文本的方法如下：

① 在工具箱中选择文本工具 字 或按快捷键 F8。

② 在绘图页中的适当位置单击鼠标，将会出现闪动的光标，通过键盘直接输入美术字文本，如图 10-1-1 所示。

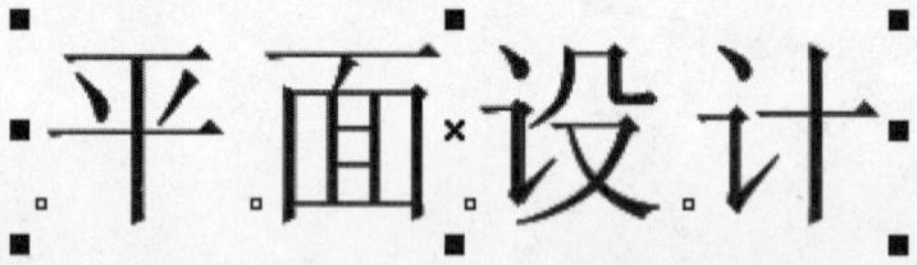

图 10-1-1　输入美术字文本

③ 单击工具箱中的"挑选工具"按钮，选中该文字，在字体大小列表和字体列表中设置文本的字号和字体，如图 10-1-2 所示。

图 10-1-2　设置文本

④ 单击工具箱中的"形状"按钮，文字周围将出现美工文字的控制点，使用字距控制点 和行高控制点 可调整文本的字距和行距，如图 10-1-3 所示。

图 10-1-3 调整间距

⑤ 单击工具箱中的"形状"按钮，选中需要改变颜色的文字控制点，单击调色板中的色块即可，如图 10-1-4 所示。

图 10-1-4 设置颜色

⑥ 单击工具箱中的"形状"按钮，选中所需要移动的文字的控制点，拖动鼠标即可移动该文字，如图 10-1-5 所示。

⑦ 单击工具箱中的"形状"按钮，选中所需要旋转的文字的控制点，在其属性栏中的旋转角度微调框中输入数值即可实现旋转操作，如图 10-1-6 所示。

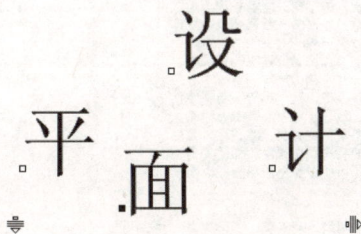

图 10-1-5 移动文字   图 10-1-6 旋转文字

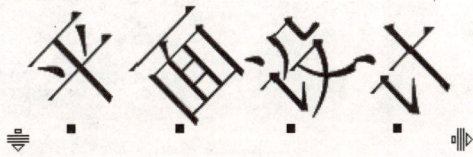

⑧ 选中需要转换为段落文本的美术字文本，单击鼠标右键，在弹出的快捷菜单中选择"转换到段落文本"命令即可，如图 10-1-7 所示。

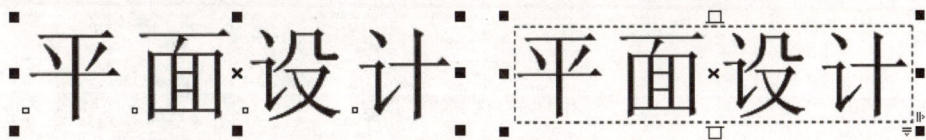

图 10-1-7 转换到段落文本

2. 段落文本

输入段落文本的方法如下：

① 单击工具箱中的"文本工具"按钮 **字**。

② 在需要输入文字的位置，拖曳出一个矩形框，松开鼠标即可在该框中输入文字，如图 10-1-8 所示。

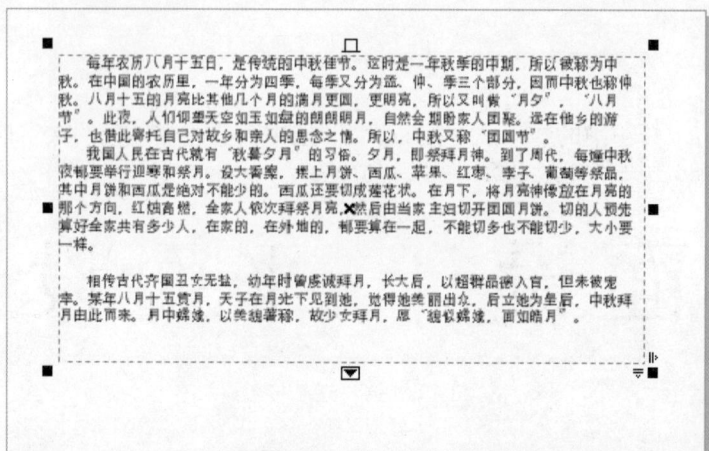

图 10-1-8　创建矩形文本框

③ 用鼠标拖动框架上方或下方的控制点可调整框架的大小，如图 10-1-9 所示。

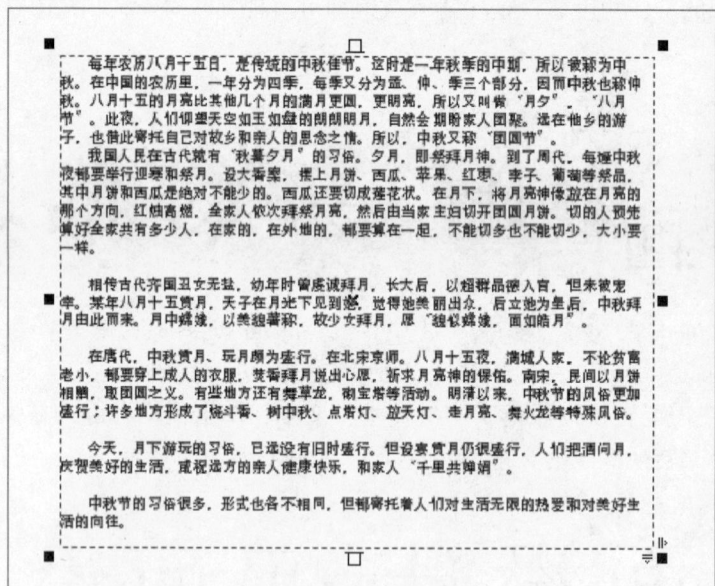

图 10-1-9　调整框架

④ 若框架太小而无法显示全部的文本，可将该框架中无法显示的文本放置在另一个框架中，单击框架下方的控制点 ▼，当光标呈 📄 形状时，在其他合适的位置拖出一个矩形框，可将文本中显示不完全的部分显示在新框架中，如图 10-1-10 所示。

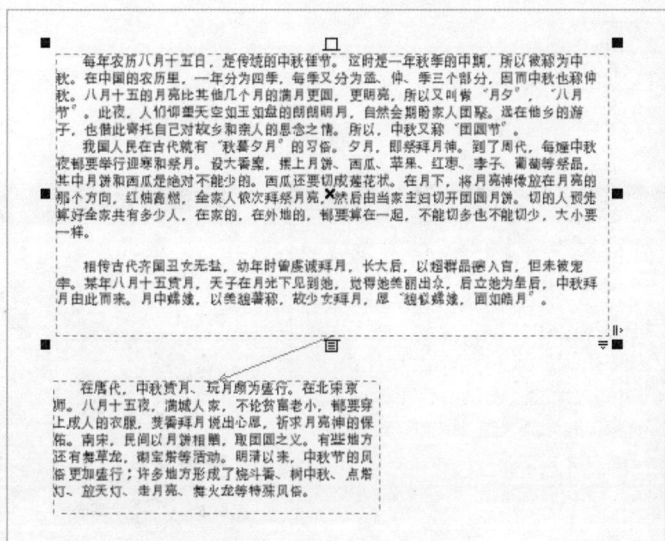

图 10-1-10　设置新框架

⑤ 选中所要转换的段落文本，单击鼠标右键，选择"转换到美术字"命令即可，如图 10-1-11 所示。

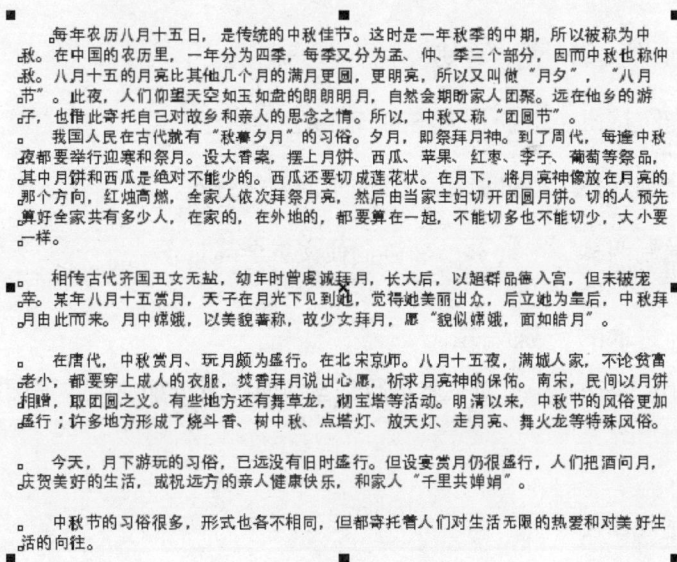

图 10-1-11　转换到美术字

10.1.2 编辑文本

选择菜单栏中的"文本"的"编辑文本"命令，在弹出的"编辑文本"对话框中可实现对文本的编辑，如图 10-1-12 所示。

1. 格式化文本

选择菜单栏中的"文本"的"字符格式化"命令，打开"字符格式化"泊坞窗，其中显示着设置字符的相关选项参数，如图 10-1-13 所示。

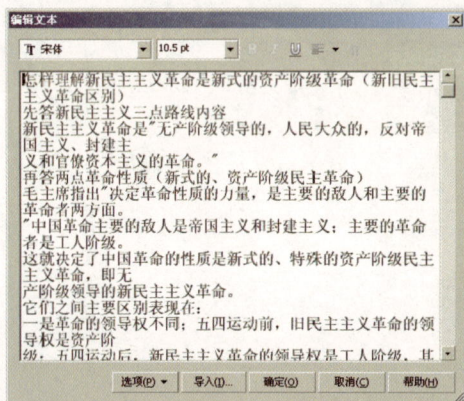

图 10-1-12 编辑文本

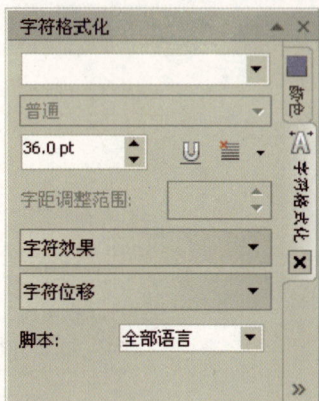

图 10-1-13 字符格式化

单击"无"按钮 ，文本不产生任何对齐效果。

单击"左"按钮 ，将使文本向左对齐。

单击"居中"按钮 ，将使文本居中对齐。

单击"右"按钮 ，将使文本向右对齐。

单击"全部对齐"按钮 ，将使文本向两端对齐。

单击"强制调整"按钮 ，将强制使文本全部对齐。

10.1.3 文本的特殊编辑

在 CorelDRAW X4 中可对文本进行一些特殊编辑，如使文本适配路径、填入框架和环绕图形等。

1. 文本适配路径

文本适配路径的方法如下：

① 单击工具箱中的"文本工具"按钮 字，在视图窗口中输入文本并使用绘制线条工具绘制曲线，如图 10-1-14 所示。单击工具箱中的"挑选工具"按钮，将所绘制的曲线和输入的文本同时选中。

② 选择"文本"的"使文本适合路径"命令即可使文本适配路径，如图 10-1-15 所示。

人生没有彩排，行动创造未来！

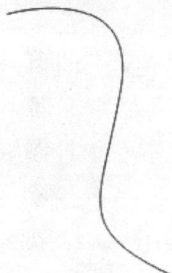

图 10-1-14　绘制曲线　　　　　　　　图 10-1-15　文本适合路径

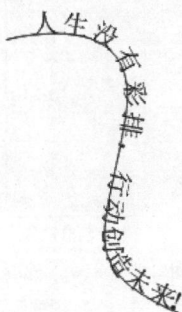

③ 当文本适配路径后，其属性栏如图 10-1-16 所示。

图 10-1-16　文本属性栏

④ 在其属性栏中的下拉列表中可选择将文本放置在路径上，如图 10-1-17、图 10-1-18 所示。

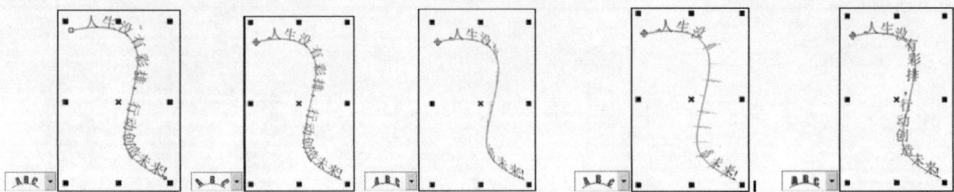

模式 1　　　　　模式 2　　　　　模式 3　　　　　　图 10-1-18　文本在路径 2
图 10-1-17　文本在路径上 1

⑤ 在属性栏的"镜像文本"区域中单击"水平镜像"按钮，可以从左向右翻转文本字符；单击"垂直镜像"按钮，可从上向下翻转文本字符，其效果如图 10-1-19 所示。

⑥ 在属性栏中的和微调框中输入数值，可调整文本和路径在垂直方向和水平方向上的距离。

⑦ CorelDRAW X4 将适合路径的文本视为一个对象，如果不需要使文本成为路径的一部分，也可以将文本与路径分离，且分离后的文本将保持它所适合于路径时的形状。选择菜单栏中的"排列"的"拆分在一路径上的文本于图层 1"命令，即可拆分文本与路径，如图 10-1-20 所示。

(a) 选择对象　　　(b) 水平镜像　　　(c) 垂直镜像

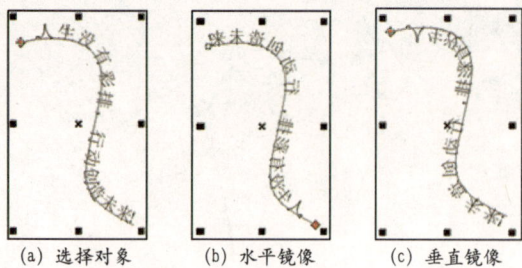

图 10-1-19　翻转文本　　　　　　图 10-1-20　拆分文本

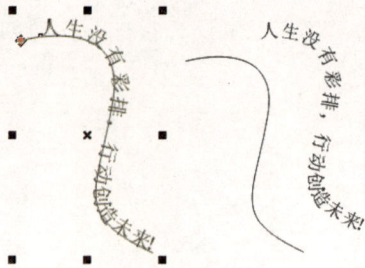

2. 文本填入框架

文本填入框架的方法如下：

① 在视图窗口中创建图形对象，如图 10-1-20 所示。

② 单击工具箱中的"文本工具"按钮，将鼠标移动到图形对象内边缘，当光标呈 I 形状时，单击鼠标可在图形对象内边缘产生一个虚线文本框，并有闪烁的光标，如图 10-1-21。

③ 在该虚线文本框中输入需要的文字，如图 10-1-22 所示。

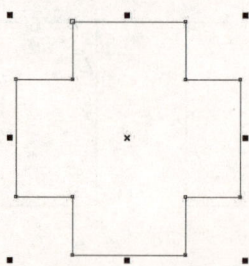

图 10-1-20　创建图形　　　图 10-1-21　产生虚线　　　图 10-1-22　输入文字

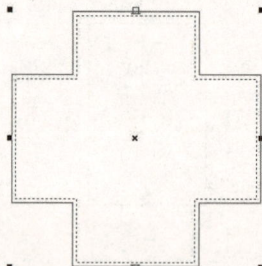

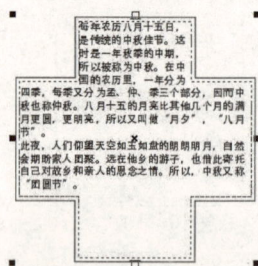

3. 段落文本环绕图形

段落文本绕图是一种常用的文本编排方式，其操作方法如下：

① 在工具箱中选择文本工具 字，然后在绘图页中创建段落文本。

② 选择"文件"的"打开"命令打开矢量图，或选择"文件"的"导入"命令导入位图。

③ 选择挑选工具 选中图形，单击鼠标右键，在弹出的快捷菜单中选择"段落文本换行"命令，这样段落文本绕图的效果就产生了，如图 10-1-23 所示。

④ 选择"窗口"的"泊坞窗"的"属性"命令，打开如图 10-1-24 所示的"对象属性"泊坞窗。单击该泊坞窗中的"常规"按钮，在其中的"段落文本换行"下拉列表 段落文本换行(W): 无 中可以设置段落文本环绕图表的样式。

图 10-1-23　文本绕图

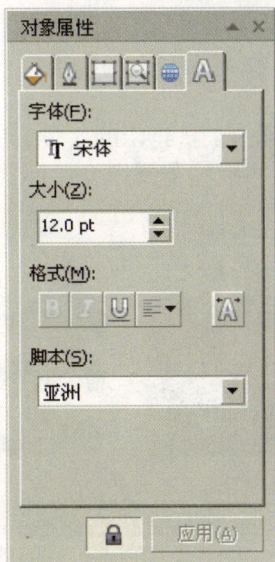

图 10-1-24　对象属性

4. 美术文字转换为曲线

使用文本工具，在页面中输入文本之后，我们可以对文本使用特殊属性，也可以随时改变文本的字号、字体类型等，但有时候我们要对文本进行一些其他的操作，文本有一些固有的属性为我们进行某些操作带来不便，这时我们就需要将文本转换为曲线，对文本进行更多的操作。

在 CorelDRAW X4 中，可以轻松地对文本进行编辑。下面介绍将文本转换为曲线的具体操作：

① 单击工具箱中的"文本工具"按钮 字 ，在页面中输入文字，如图 10-1-25 所示。

② 使输入的文字处于选中状态，选择菜单栏中的"排列"的"转换为曲线"命令，将文本转换为曲线，这时的文字状态如图 10-1-26 所示。将文本转换为曲线还可以使用快捷键"Ctrl+Q"。

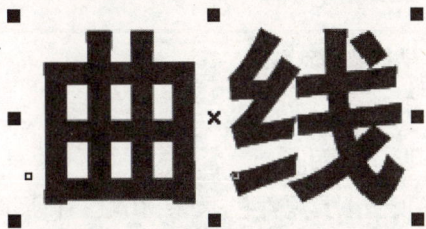

图 10-1-25　输入文字

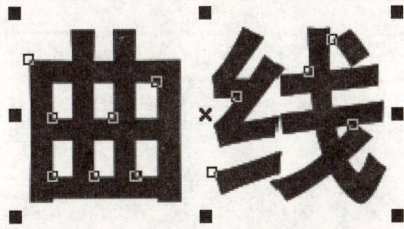

图 10-1-26　文本转为曲线

③ 选择菜单栏中的"排列"的"拆分曲线于图层 1"命令，将曲线拆分，如图 10-1-27 所示。

④ 单击工具箱中的"挑选工具"按钮 ⬚，就可以将拆分后的曲线文字移动位置，也可以将需要组合的部首组合在一起，如图 10-1-28 所示。

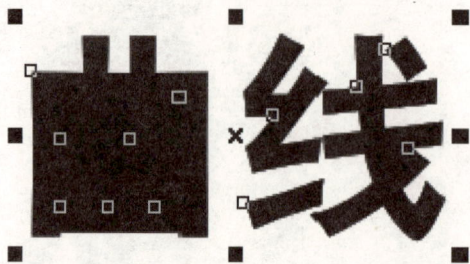

图 10-1-27　拆分文字　　　　　　　　图 10-1-28　调整文字

10.1.4　表格工具的使用

在 CorelDRAW X4 中，表格的创建和编辑与 Word 中的表格创建和编辑差不多，也可以拆分单元、合并单元、插入行 / 列、对表格进行颜色填充、表格边框设置等。在工具箱中单击"表格"工具 ⊞，此时，显示表格属性栏，如图 10-1-29 所示。

我们通过一个实例来详细讲解表格工具的使用方法。具体操作方法如下。

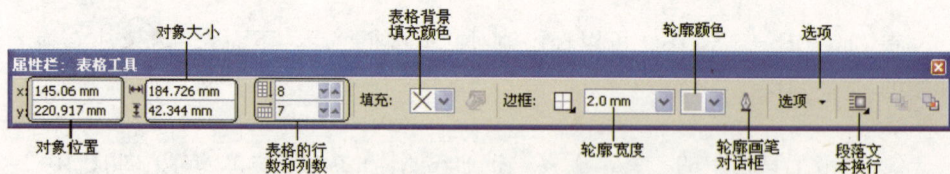

图 10-1-29　表格属性栏

① 启动 CorelDRAW X4 应用软件，新建一个空白文件，命名为"表格 .cdr"。

② 利用工具箱中的"文本"工具 字 在页面中输入文本，根据需要修改文本的文字、字体大小和样式等，效果如图 10-1-30 所示。

2007—2008年度第二学期教师课程表

教师姓名:李小梅

图 10-1-30　文字效果

③ 单选工具箱中的"表格"工具 ⊞，设置表格工具属性栏，如图 10-1-31 所示。

④ 将鼠标移到页面中，在按住鼠标左键不放的同时拖动鼠标到适当的位置即可绘制出如图 10-1-32 所示的表格。

图 10-1-31 设置表格属性

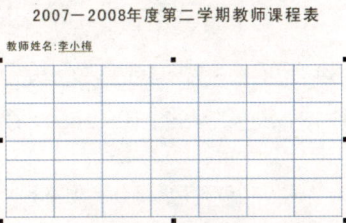

图 10-1-32 绘制的表格

⑤ 在工具箱中单击 选项 ┃ 按钮，弹出设置对话框，具体设置如图 10-1-33 所示。表格效果如图 10-1-34 所示。

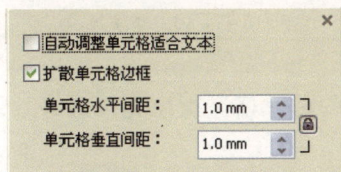

图 10-1-33 设置对话框

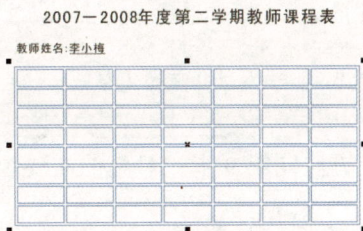

图 10-1-34 表格效果

⑥ 在工具箱中单选"形状"工具 ，选中需要合并的单元格，如图 10-1-35 所示，单击属性栏中的"合并选定单元格"按钮 即可将单元格合并，如图 10-1-36 所示。

图 10-1-35 选中单元格

图 10-1-36 合并单元格

⑦ 方法同第 6 步，将其他需要合并的单元格合并，最终效果如图 10-1-37 所示。

⑧ 利用工具箱中的"文本"工具在表格单元格中输入文本，并设置字体、字体大小、对齐方式等，如图 10-1-38 所示。

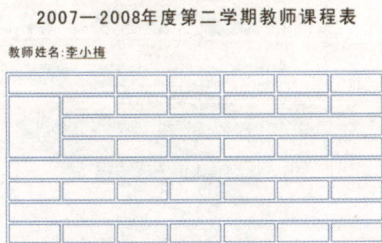

图 10-1-37 完成所有合并

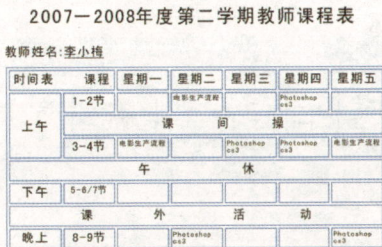

图 10-1-38 输入、整理文件

⑨ 在工具箱中单选"形状"工具，选中需要填充背景色的单元格，如图 10-1-39 所示。单击右边"色板"中的 10% 的灰色色块即可将选定单元格填充为 10% 的灰色，如图 10-1-40 所示。

图 10-1-39　选中需填充单元格

图 10-1-40　填充背景色

⑩ 方法同第 9 步，对其他需要填充颜色的单元格进行填充，最终效果如图 10-1-41 所示。

⑪ 在工具箱中单选"形状"工具，选中所有单元格，如图 10-1-42 所示。

图 10-1-41　完成所有填充

图 10-1-42　选中所有单元格

⑫ 用户根据自己的需要，设置"表格"工具属性栏▦，如图 10-1-43 所示，表格的效果如图 10-1-44 所示。

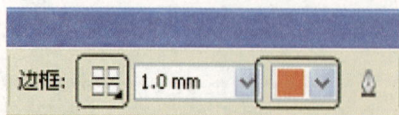

图 10-1-43　设置属性

图 10-1-44　初步效果

⑬利用"挑选"工具⬚选中表格式,单击属性栏中的"轮廓画笔对话框"按钮⬚,弹出"轮廓笔"设置对话框,具体设置如图10-1-45所示,单击 确定 按钮,表格最终效果如图10-1-46所示。

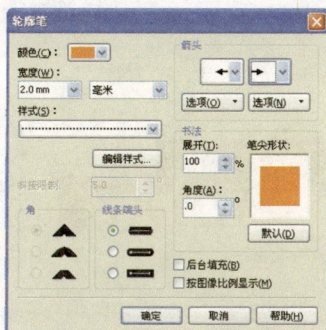

图 10-1-45　设置轮廓

图 10-1-46　表格的最终效果

10.2　实例练习

10.2.1　制作招贴设计图

具体操作方法如下:

（1）选择"文件"的"新建"命令,新建一个文件,设置纸张大小为 A4,摆放方式为横放。

（2）选择工具箱中的椭圆形工具⬚,绘制一个椭圆对象,用淡黄色填充,得到如图10-2-1所示的效果。

（3）选择工具箱中的矩形工具⬚,绘制两个矩形,调整两个矩形对象的相对位置,分别将它们填充为橘色与红色,得到如图10-2-2所示的效果。

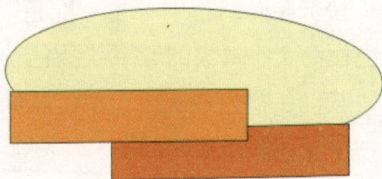

图 10-2-1　淡黄色椭圆

图 10-2-2　绘制两个矩形

（4）选择工具箱中的文本工具⬚,在页面中输入文字"Computer",在属性栏中的字体下拉列表中选择 T Batang ⬚,设置字号为72,将文字对象放置在一个矩形对象的中央,得到如图10-2-3所示的效果。

（5）再次选择工具箱中的文本工具⬚,在页面中输入"ACT!ve"。需要注意的是,中间加入了一个叹号。

（6）选中文字对象，在属性栏中为它指定适当的字体和字号，用白色填充对象，将文字对象放置在另一个矩形对象中，调整文字对象与矩形对象的相对位置，得到如图 10-2-4 所示的效果。选中页面中的所有对象，单击属性栏中的群组按钮，将它们群组在一起。

图 10-2-3 添加文本   图 10-2-4 调整文本

（7）选中群组的对象，选择工具箱中的无轮廓工具，除去对象的轮廓线。

（8）选择文本工具字，在页面中输入"BUY"和"IT！"两个文字对象，在属性栏中为它们指定适当的字体和字号，将它们放置在适当的位置，得到如图 10-2-5 所示的效果。

（9）选中新添加的两组文字对象，选择工具箱中的轮廓工具，弹出如图 10-2-6 所示的"轮廓笔"对话框。

图 10-2-5 文本的效果 1   图 10-2-6 设置"轮廓"对话框

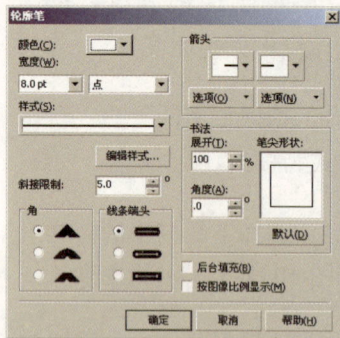

（10）在对话框中单击"颜色"选项中的按钮，从弹出的调色板中选择白色作为文字对象的轮廓线颜色；在"宽度"选项的下拉列表框中选择选项，其他参数为默认值，单击"确定"按钮，将所做的设置应用于选中的文字对象，得到如图 10-2-7 所示的效果。

（11）选中设置了轮廓线属性的两组文字对象和作为背景的组合对象，双击它们，在对象周围显示出控制柄，拖动控制柄，将选中的对象倾斜，将调整倾斜后的对象放在页面中的位置。

（12）选中"BUY"和"IT！"两个文字对象，选择"排列"的"群组"命令，将它们组合在一起。选择工具箱中的交互式阴影工具，它的属性栏如图 10-2-8 所示。

图 10-2-7　文字的效果 2

图 10-2-8　设置阴影属性

（13）在页面中单击组合在一起的文字对象，拖动鼠标，创建基本的阴影效果，在属性栏中调整阴影的不透明度为 90。

（14）单击属性栏中"羽化方向"按钮，弹出如图 10-2-9 所示的面板。在面板中选择"向外"选项，设置阴影羽化效果的位置类型。单击属性栏中的"羽化边缘"按钮，弹出如图 10-2-10 所示的面板，从中选择"反白方形"选项，调整属性栏中阴影羽化，输入框中的数值为 15，设置羽化程度。

（15）经过以上的设置，得到如图 10-2-11 所示的阴影效果。

（16）双击工具箱中的矩形工具，绘制出与页面等大的矩形，并将其填充为酒绿色，得到如图 10-2-12 所示的最终效果。

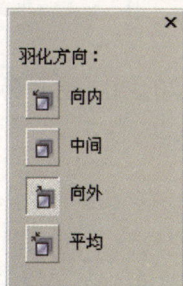

图 10-2-9
羽化方向

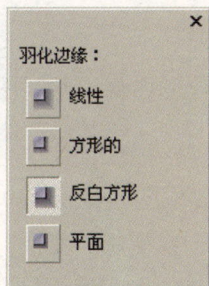

图 10-2-10
羽化边缘

图 10-2-11
阴影效果

图 10-2-12
招贴设计图效果

第 11 章　位图处理

使用 CorelDRAW X4 提供的种种工具，不但可以创建矢量图形，还可以将矢量图形转换位图，并添加各种效果。下面介绍一些处理位图的方法。

11.1　位图的变换处理

1. 缩放和修剪位图

CorelDRAW X4 不但可以在导入时对位图进行修剪（在前面的章节中已经介绍过），而且修剪导入后的位图的功能也非常强大。用户不仅可以对导入的位图进行缩放、修剪处理，还可以使用各种图像处理工具将位图编辑成任意形状。

缩放和修剪位图如图 11-1-1 所示，具体操作方法如下：

（1）导入位图图像。

（2）使用工具箱中的选取工具 ▣ ，选中位图图像，此时图像的四周会出现控制框及其 8 个控制节点（黑色实心方块）。

（3）拖动控制框中的控制节点，即可缩放位图图像的尺寸大小。也可通过设置选取工具属性栏中的图像尺寸或比例选项，或使用"变换"泊坞窗中的"尺寸"功能选项，来控制位图图形的缩放。

（4）选中工具箱中的形状工具 ▨ 后，单击导入的位图图像，此时图像的四个边角出现四个控制节点。

（5）拖动位图边角上的控制节点剪裁图形，也可在控制框边线上添加、删除或转换节点后，再进行编辑。

图 11-1-1　缩放和修剪位图

2. 旋转和倾斜位图

与其他的矢量图形对象一样，CorelDRAW X4 也可以对位图进行旋转和倾斜
操作。其操作方法和步骤与对矢量对象的操作是一样的，如图 11-1-2 所示。

图 11-1-2　旋转和倾斜位图

11.2　位图的色彩效果处理

使用 CorelDRAW X4 "效果" 菜单中的调整、变换及校正功能，通过调整其
均衡性、色调、亮度、对比度、强度、色相、饱和度及伽马值等颜色特性，可以
方便地调整位图图形的色彩效果。

1. 调整位图色彩效果

通过 "调整" 功能，可以创建或恢复位图图像中由于曝光过渡或感光不足而
呈现的部分细节，丰富位图图形的色彩效果，如图 11-2-1 所示。

使用调整功能的方法比较简单和直观，只需选定需要调整的图形对象，然后
选择需要的功能选项，即可在相应的对话框中调整位图效果，如图 11-2-2 所示。

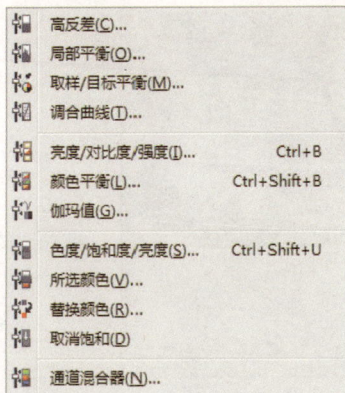

图 11-2-1　调整效果选项

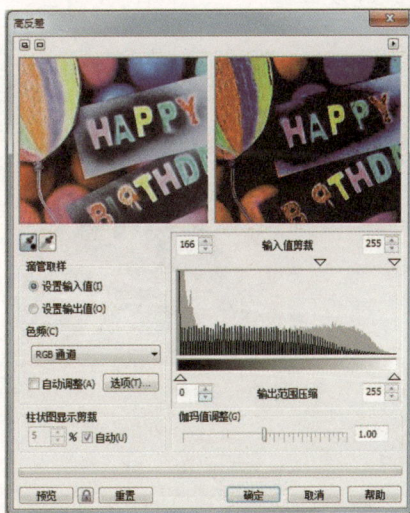

图 11-2-2　通过对话框调整位图

单击对话框顶部的显示预览窗口 ▣ 或隐藏预览窗口 ▢ ，可以显示或隐藏对话框中的预览窗口。单击"预览"按钮，即可在预览窗口中看到调整后的效果。

2.变换位图色彩效果

通过"变换"功能，能对选定对象的颜色和色调产生一些特殊的变换效果，如图 11-2-3 所示。

"变换"功能的使用方法同"调整"功能类似，如图 11-2-4 所示。

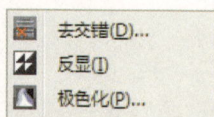

图 11-2-3　变换功能

图 11-2-4　通过对话框变换色彩

3.校正位图色斑效果

通过"校正"功能，能够修正和减少图像中的色斑，减轻锐化图像中的瑕疵。使用"尘埃与刮痕"功能选项如图 11-2-5 所示，可以通过更改图像中相异的像素来减少杂色。

图 11-2-5　尘埃与刮痕

11.3　位图的色彩遮罩和色彩模式

使用"位图的色彩遮罩"和"色彩模式"可以方便地调整位图的颜色，按照需要屏蔽掉位图中的某种颜色，也可以将位图转换为需要的色彩模式。

1. 使用"位图的色彩遮罩"

"位图的色彩遮罩"可以用来显示和隐藏位图中某种特定的颜色，或者与该颜色相近的颜色，如图 11-3-1 所示。其操作步骤如下：

（1）在绘图页面中导入位图图形，并使它保持被选中状态。

（2）单击"位图"的"位图的色彩遮罩"命令，弹出"位图的色彩遮罩"泊坞窗。

（3）选择泊坞窗口顶部的"隐藏颜色"或"显示颜色"选项。

（4）在列表框中的 10 个颜色框中单击一个颜色框激活它。

（5）单击列选框下的"颜色选择"按钮 ，并调节"容限"滑杆中的滑块，设置容差值，取值范围为 0 至 100。容差值为 0 时，只能精确取色，容差值越大，则选取的颜色的范围就越大，近似色就越多。

（6）将已变成吸管形状的光标移动到位图中想要隐藏或显示的颜色处，单击即可将该颜色选取（重复以上颜色可以选择多种颜色）。

（7）单击"应用"按钮，即可完成位图色彩遮罩的操作。

图 11-3-1　位图的色彩遮罩

2. 位图的 Color Mode（色彩模式）

CorelDRAW X4 可以在各种色彩模式之间转换位图图像，从而根据不同的应用，采用不同的方式对位图的颜色进行分类和显示，控制位图的外观质量和文件大小。

通过"位图"的"模式"子菜单，可以选择位图的色彩模式，如图11-3-2所示。

（1）黑白模式：颜色结构中最简单的位图色彩模式，由于只使用一位（1bit）来显示颜色，所以只能有黑白两色，如图11-3-3所示。

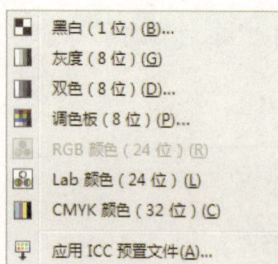

图11-3-2　色彩模式

图11-3-3　黑白模式

（2）灰度。将选定的位图转换成灰度（8位）模式，可以产生一种类似于黑白照片的效果，如图11-3-4所示。

（a）转换前

（b）转换后

图11-3-4　转换成灰度模式

（3）双色调（8位）。在"双色调"对话框中不仅可以设置单色调模式，还可以在"类型"列选栏中选择双色调、三色调及全色调模式，如图11-3-5所示。

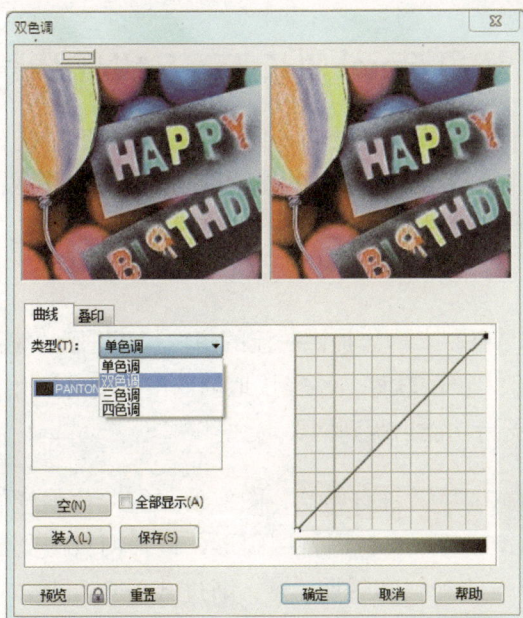

图 11-3-5　双色调

（4）调色板（8位）。通过这种色彩转换模式，用户可以设定转换颜色的调色板（图 11-3-6），从而得到颜色阶数的位图。

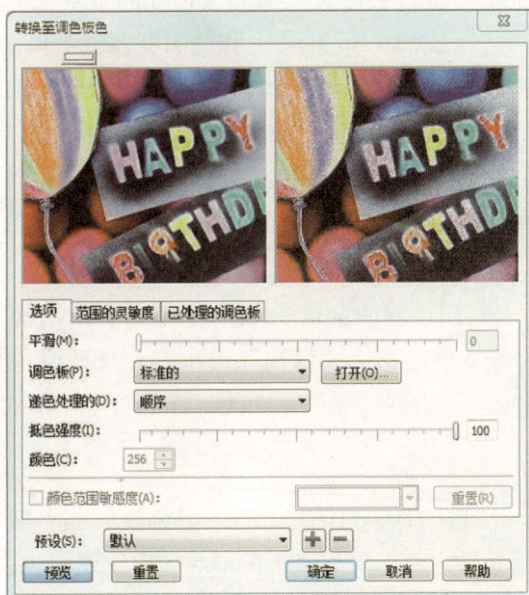

图 11-3-6　调色板

（5）Lab 颜色（24位）：基于人眼认识颜色的理论而建立的一种与设备无关的颜色模型。L、a、b 三个分量各自代表照度、从绿到红的颜色范围及从蓝到黄的颜色范围。

11.4 运用 Corel PHOTO-PAINT 调整位图

为专业图像编辑与创作而设的 Corel PHOTO-PAINT 12，是一套全面的彩绘和照片编修程序，具有多个图像增强的滤镜，能改善扫描图像的质素，再加上特殊效果滤镜，大大改变图像的外观。用户可使用自然式画笔创造出如彩绘般的艺术效果。

Corel PHOTO-PAINT 12 为您提供一流的图像校正、照片编修和彩绘的工具，是一套集全部功能于一身的软件包。轻快地创造出色的设计和特殊效果，并利用强劲的互联网图形支持功能出版到网页上。

Corel PHOTO-PAINT 12 具有彩绘、图像校正和照片编修的工具。支持压力感应笔，包括倾斜和旋转。支持因特网图形，包括网页浏览器调色板、图像映射创作工具以及增强的动画和透明 GIF、渐进式 JPG 和 PNG。完全支持 Adobe 标准插件界面和超过 70 个效果滤镜。屏幕上的预视选项，可预视特殊效果、双色转换和图像校正。它支持强劲的自动化功能，包括使用命令稿管理器（Script Manager）、拖放式播放命令稿和效果以及记录器和成批播放等功能。支持 16 位元灰阶、48 位元 RGB 图像类型和 NTSC 色彩以及把图像轻易地转换成优化的 8 位色彩等功能。崭新的用户自定义选项，包括存储个人化的应用程序工作间。使用可编修的物件夹子遮罩（Clip Mask）和透明度调整工具，灵活地控制物件的外观。精简高效率的用户界面，具有新颖的平坦式桌面、泊岸式视窗和增强的剪贴簿。高速、低分辨率的"替代"（Proxy）图像编辑功能，增加生产力。新颖的滤镜选项，让您可在不会永久改变图像的情况下应用图像效果。强劲的动画支持功能，包括动画格重叠（Frame Overlay）和动画格播放速度控制。增强的交互式填充工具，具有色彩拖放特性、点阵图填充转动和倾斜等功能。智慧型图像缝合功能，可创建出接缝的全景图像。内建的图像预视功能，可预视 GIF、JPG、WVL 和 FPX 等文件输出。"淡出"选项，让您改变应用后的图像效果透明度和画笔工具设定。强力的"撤销"功能，让您自定撤销的层次或从编辑纪录中选取个别项目。

此对话框与 Corel PHOTO-PAINT 中的图像调整实验室非常相似，但是此对话框中有"白平衡"选项，其作用类似于在拍照前重置照相机，如图 11-4-1 所示。

单击"细节"选项卡，您可以进一步调整图像，并在"属性"区域中找到有关相机设置等的详细信息。但是，当您无法使用原始格式时，可以通过以下方式编辑图像：在 Corel PHOTO-PAINT 中打开图像，选择"调整"菜单的"图像调整实验室"，即可显示上述窗口如图 11-4-2。

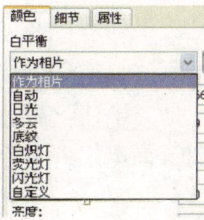

图 11-4-1　白平衡

图 11-4-2　调整图像

在这两种情况下，都可以使用一项优异的功能："创建快照"功能。

单击任一屏幕的底部的"创建快照"按钮即可按原样创建图像快照。此快照在图像下面以小缩略图的形式显示，如图 11-4-3 所示。将各个滑块向左或向右拖动，对照片进行调整。再次单击"创建快照"按钮，即可创建反映所做调整的新缩略图。

图 11-4-3　创建快照

第 12 章　综合实例练习

通过以上章节的学习，大家都已经了解了 CorelDRAW X4 软件的强大绘图功能和基本操作。在这一章里，我们不再讲解具体工具的使用方法，而是要通过具体作业来讲述本软件在实战中的应用。

我们在这里列举图书装帧设计、海报设计、标识设计的常见效果处理，通过学习，大家能够更系统地掌握该软件在工作中的综合运用。这里所讲解的举例作品和在理论讲解中所运用的逻辑，都是贴近实际的，这么安排，是为了让学习者举一反三，在将来的操作中，能够迅速地选择一个适合自己的逻辑来运用，下面我们来具体讲解。

12.1　图书装帧设计制作

图书装帧设计，涵盖一本书的封面设计、版式设计以及装订、印刷等，有专业课程传授知识理念，我们在这里不细谈，在这里我们讲讲用 CorelDRAW X4 软件如何做图书封面的制作。

12.1.1 建立工作页面

一本书的封面，包括面封、书脊、底封，有的还带有前后勒口、腰封、函套。我们在这里，按照包含有前后勒口的 16 开图书的装帧要求来制作封面。

这里涉及软件中的新建、修改文件尺寸、创建辅助线等功能。首先，点击文件菜单中的新建，创建工作页面，如图 12-1-1 所示。

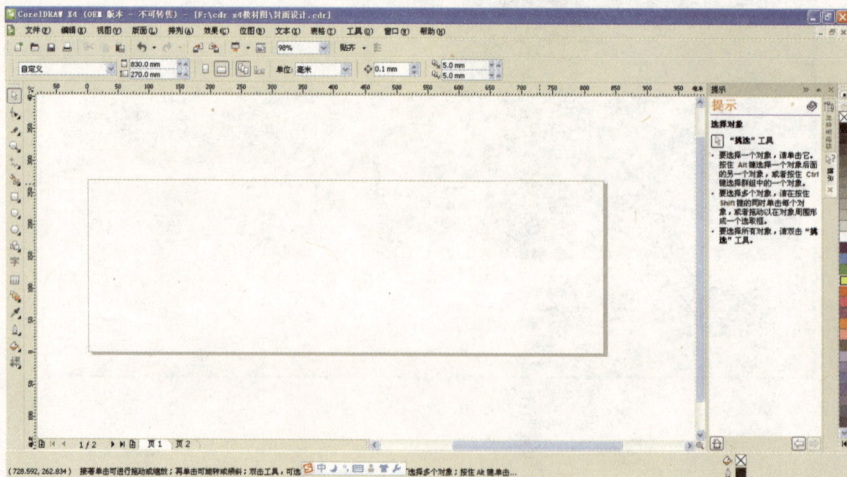

图 12-1-1　创建工作页面

然后，按照前后勒口宽度都是 120mm，面封尺寸是 270mm×280mm，书脊宽度是 28mm 的大小建立，工作区文件尺寸建成 740mm×285mm。建好之后，我们再进入第二步——设置辅助线，将前后勒口、面封、书脊、底封的板块一一分开，如图 12-1-2 所示。

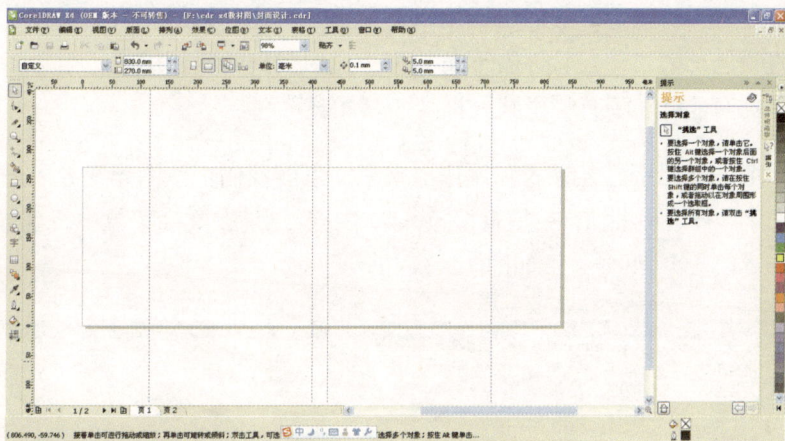

图 12-1-2　划分区域

好了，到了这里，我们已经把每一个板块划分清楚，可以将各类元素放到相应的板块中去了。在这一节里面，我们主要了解了在 CorelDRAW X4 软件中制作封面的时候，如何建立工作区域、划分区域板块。

12.1.2 基本元素

设计一本书的封面，需要很多基本元素，如：面封中的书名、作者、出版社以及广告语、配图等，还有前后勒口、书脊、底封的元素，这些元素的插入，涉及软件中的录入、复制粘贴、导入、填充颜色等功能。我们现在就实际操作，同时，体会每一部分的制作感觉，如图 12-1-3 所示。

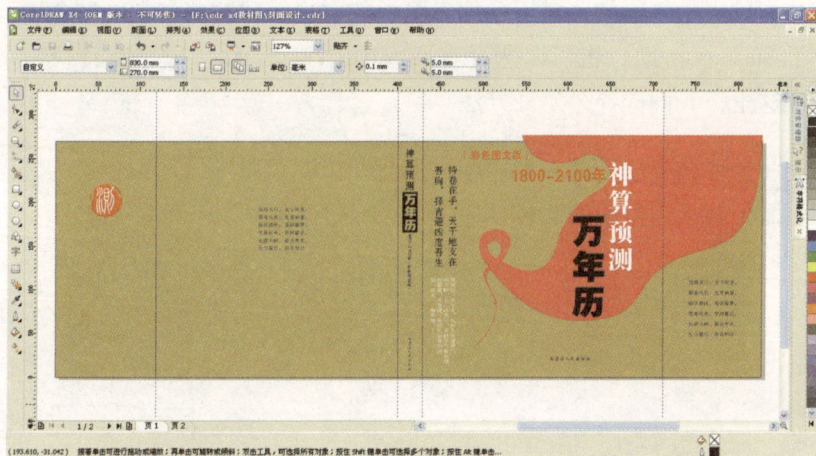

图 12-1-3　基本效果

当然，元素的摆放过程是曲折的，需要看设计师对这本书的理解程度了。

录入文字的方法有两种，一种是输入，如果有现成的文字，可以用第二种：复制、粘贴，在编辑菜单中，我们可以找到功能键和快捷键。在制作的过程中，还需要填充需要的颜色，我们可以用以下几种方法达到目的：第一，在色谱中选择需要的颜色；第二，在软件右下角的……栏中找到颜料桶填充；第三，如果是渐变色，我们可以在工具栏里找到渐变工具填充颜色。

我们把矢量元素已经录入和制作出来了，下面我们把位图元素导入进来。导入位图元素，有两种办法：一是直接拉入编辑区；二是在文件菜单中找到导入（快捷键是 Ctrl+I）后，再导入，如图 12-1-4 所示。

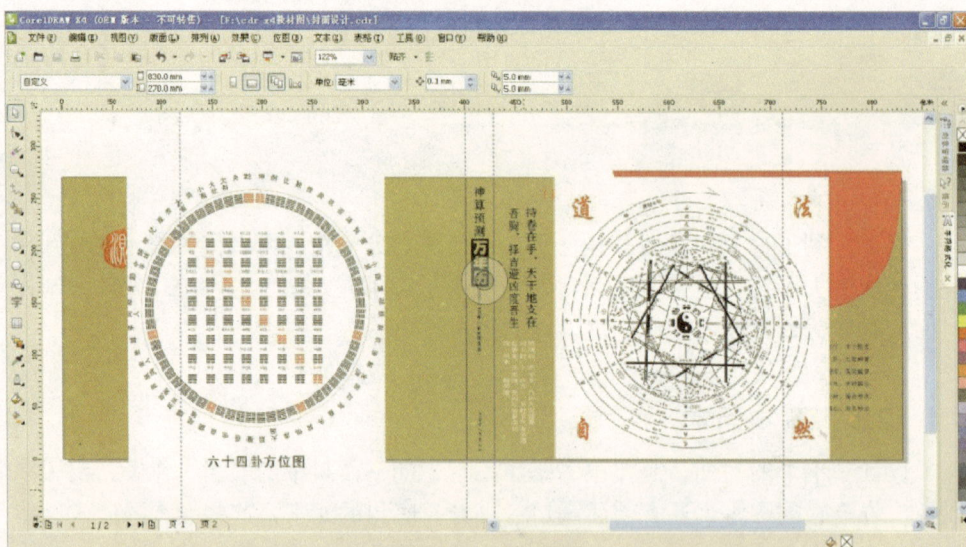

图 12-1-4　元素导入

在我们导入的位图中，是不能编辑颜色的。想编辑这些位图的颜色，我们可以选择 photoshop 协助，也可以选择在 CorelDRAW X4 软件里重新转换一下再做编辑。在这里，我们选择第二种方法。

首先将需要转换位图的元素选中，然后在位图菜单中，选中转换为位图的功能，即可看到转换为位图的面板，如图 12-1-5 所示。

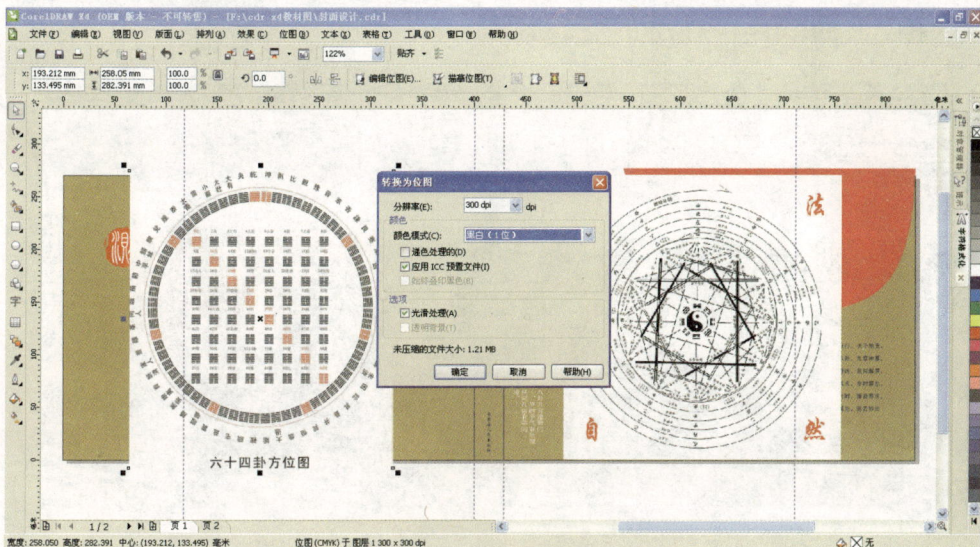

图 12-1-5　转换为位图的面板

　　我们做的封面将来是要印刷使用的,所以我们就按照印刷的要求来勾选设置。分辨率设置在 300dpi,色彩模式选中黑白,下面作相应的选择。点击确定,得到如图 12-1-6 所示的效果。

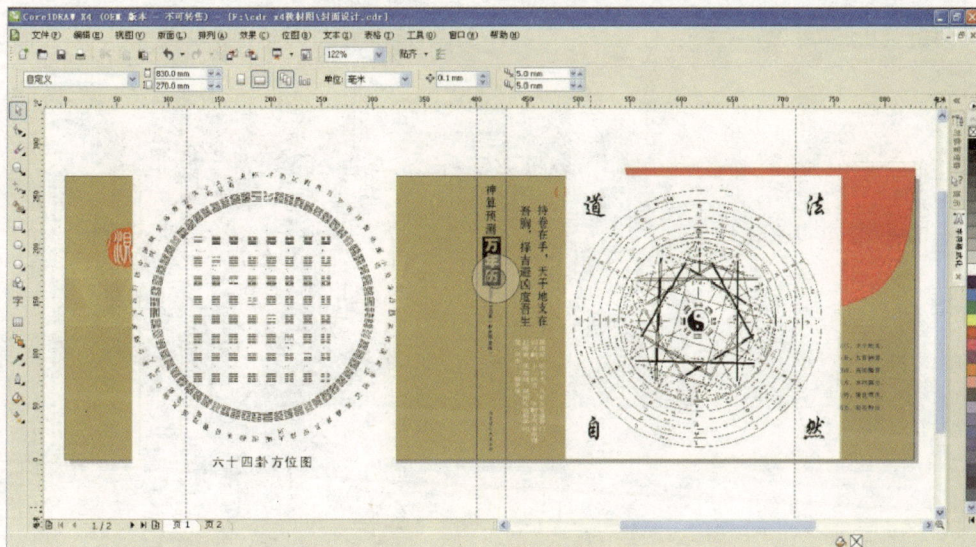

图 12-1-6　初步效果

　　这时,我们就可以在 CorelDRAW X4 软件中的色彩栏里选择需要的颜色了。

选择该位图，在色彩栏用鼠标右键点击无色按钮⊠，我们看到，位图的白底色去掉了，如图 12-1-7 所示。

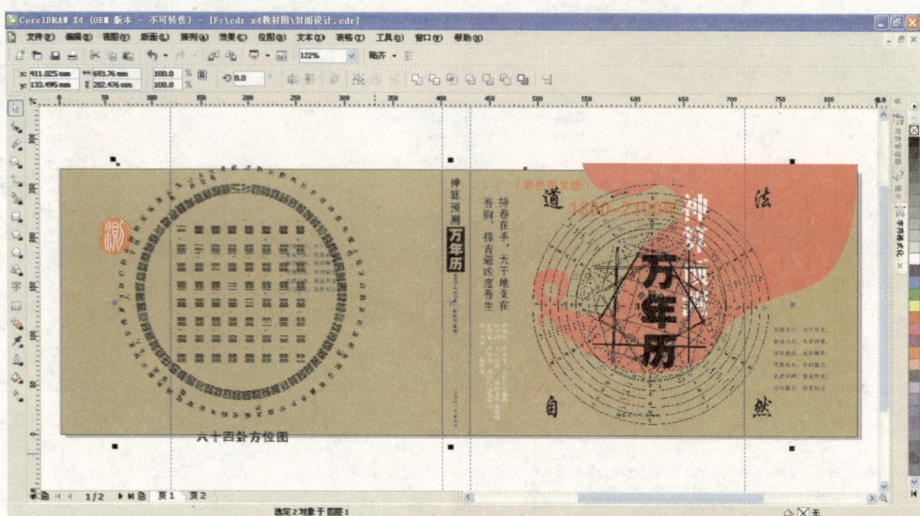

图 12-1-7　去掉白底色

原来位图中黑色的颜色在这里不适合我们的画面要求，我们选一个棕色，并用鼠标右键点击，来编辑该颜色，如图 12-1-8 所示。

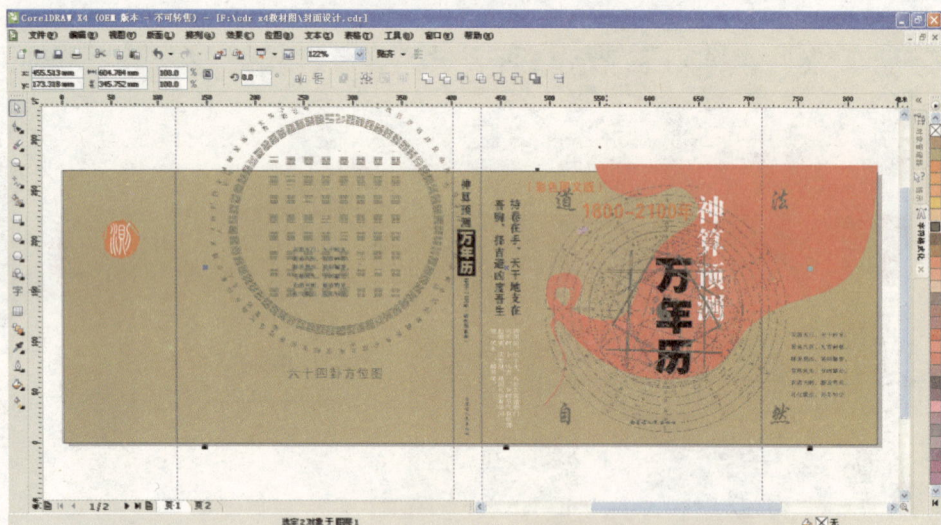

图 12-1-8　编辑颜色

颜色编辑完毕，现在要把相应的元素放到一个位置上，使它能充实我们的画面效果。

点击"效果"菜单的"图框精确裁剪"的"放置在容器中"功能，如图 12-1-9 所示。

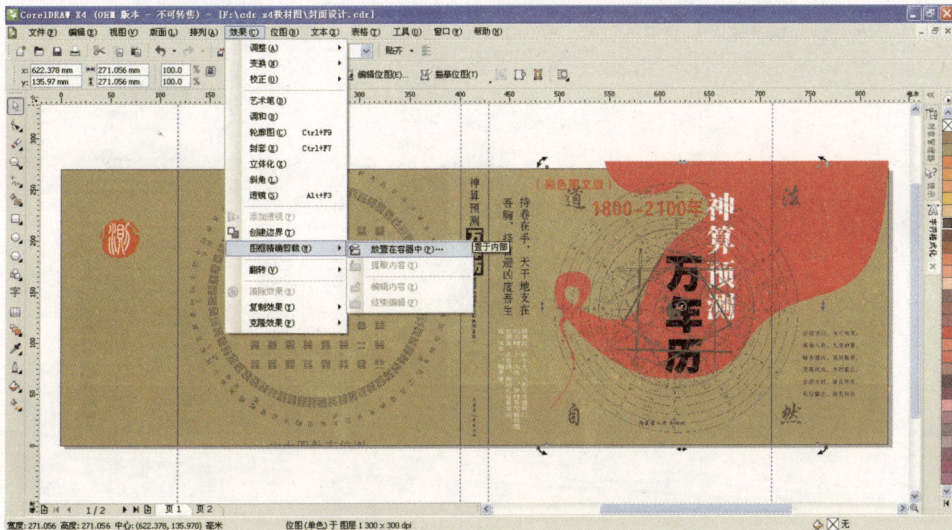

图 12-1-9 放置在容器中

将位图原色放置到相应的矢量原色里面去，这样有利于将来的操作，如图
12-1-10 所示。

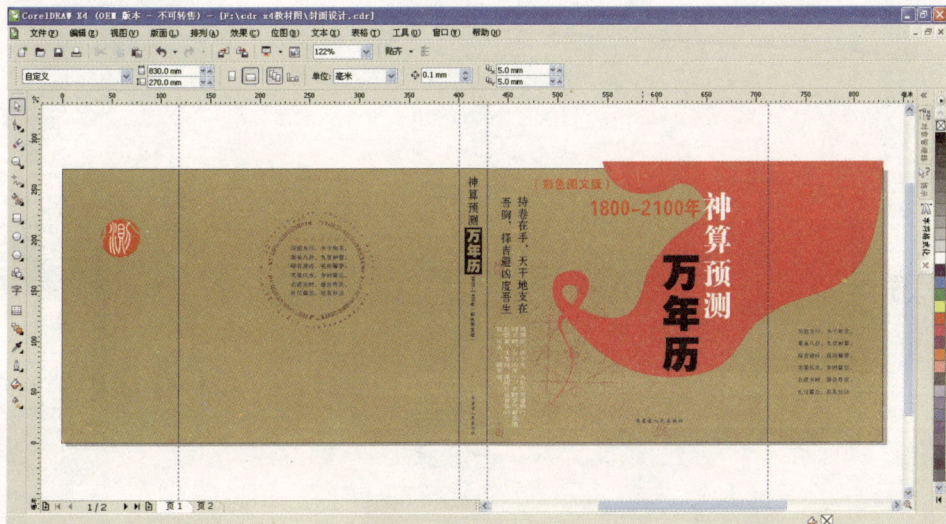

图 12-1-10 放置矢量原色

设计创作的过程就是设计师带着桎梏跳舞的一个过程，每一件作品，都会经
过烦琐的构思、制作，常常会遇到辛苦的结果无法使自己满意，更不用说去说服
客户了。

经过前面的构思、制作，封面已经有了初步的效果，只是还有些散乱，我们
用一个元素来整合一下。

在这里我们用黑色的方形来整合画面效果。如图 12-1-11 所示。

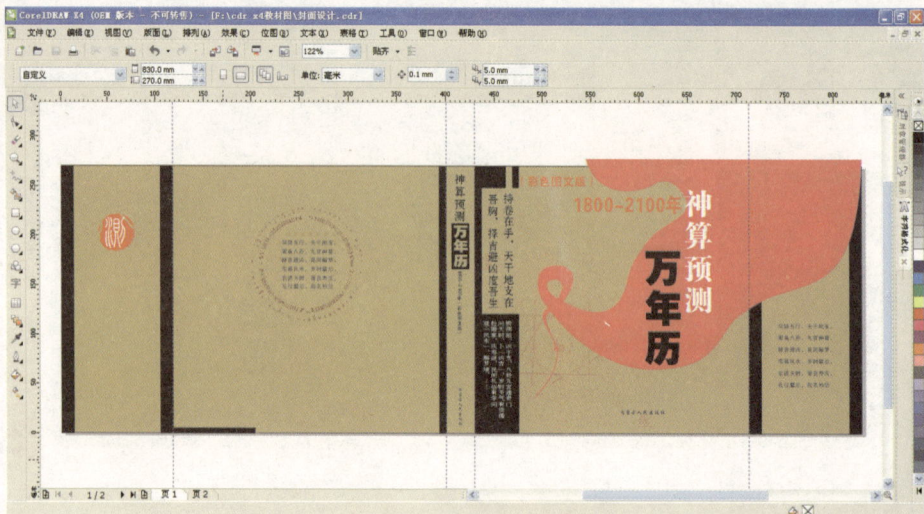

图 12-1-11　整合画面

根据画面效果，我们再添加其他元素，继续丰富画面直到满意为止。现在，我们把条码区、条码、价位、编辑、设计等元素添加完毕，画面已经最终完成设计工作了，如图 12-1-12 所示。

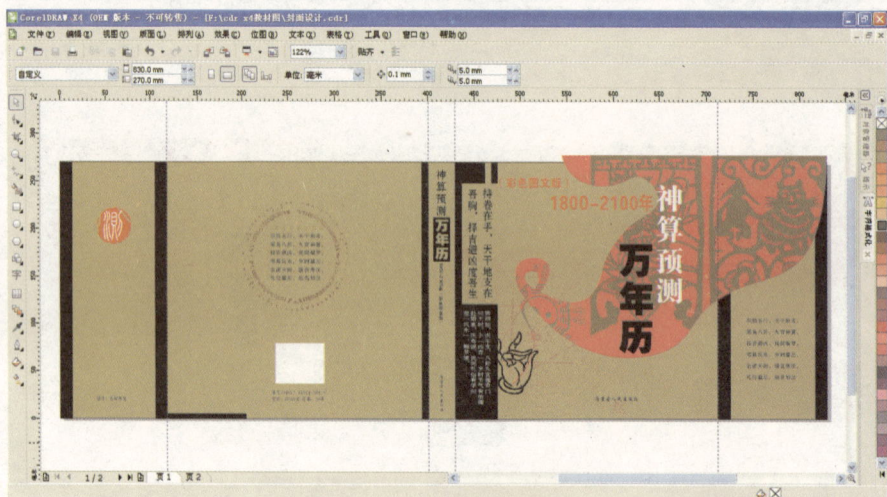

图 12-1-12　完成设计

12.1.3 导出

经过反复推敲，我们觉得画面效果已经达到理想的要求，即可导出 jpeg 格式文件，检查一下在画面形成图片之后的效果，如图 12-1-13 至图 12-1-15 所示。

导出的 jpeg 格式文件，在检验没有什么缺陷的情况下，让顾客审阅讨论，得到认可后，就可以进行下一步的印前准备工作。

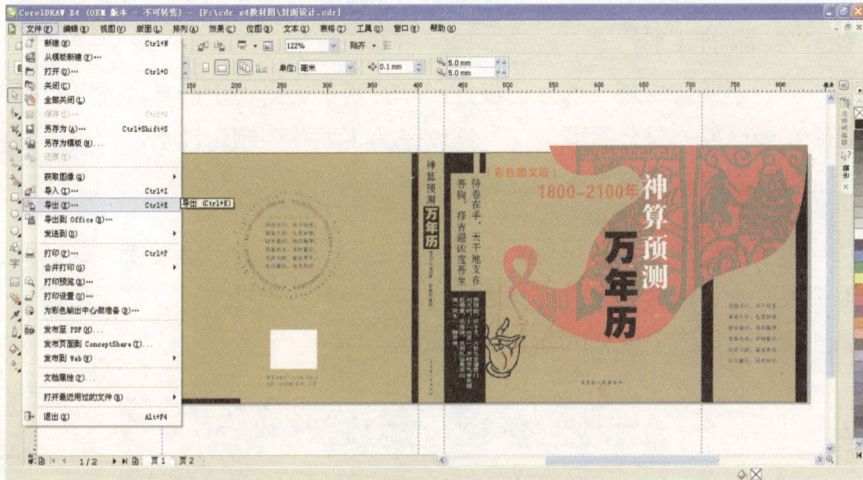

图 12-1-13　导出图片 1

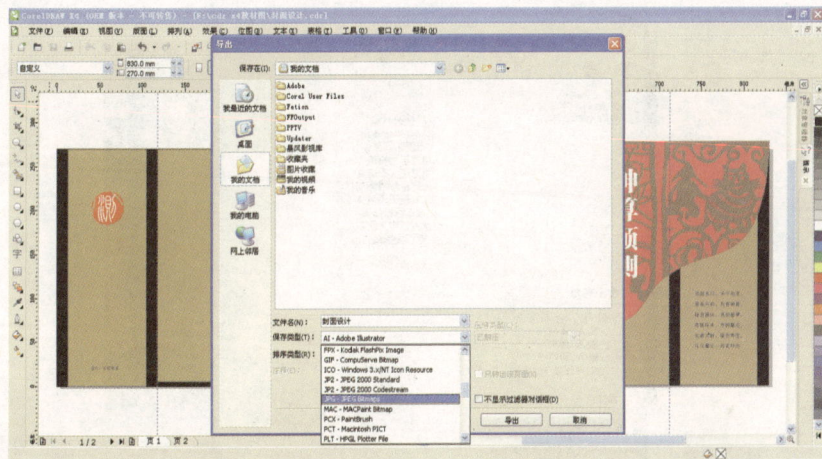

图 12-1-14　导出图片 2

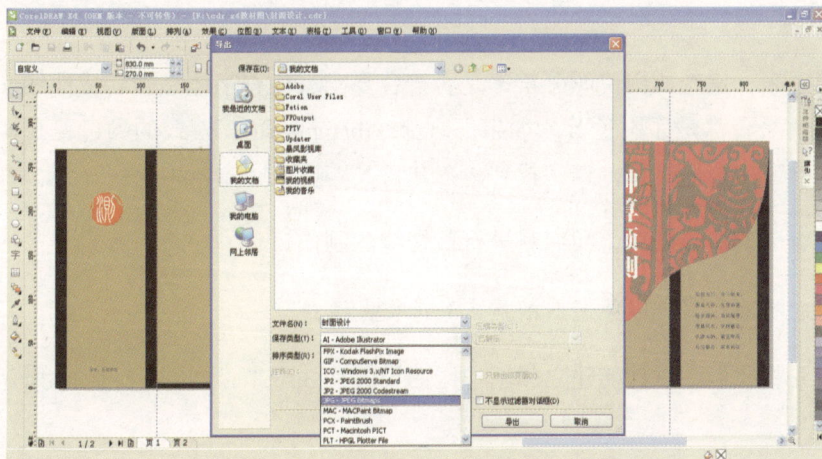

图 12-1-15　导出图片 3

12.1.4 印前工作

细心的同学就会发现在前面的设计制作过程中，封面上的祥云元素有一部分一直处于在画面外，是什么原因呢？这就是为了发排而预留的出血。出血，就是作品在成型裁切时，预留出来的裁切掉的部分。

在画面效果得到客户认可以后，就要实施印刷程序了。这时候，我们就要进一步地细致检查，确认完全没有问题以后，进入下一步操作。点击文件菜单中的文档属性命令，如图 12-1-16 所示的对话框。

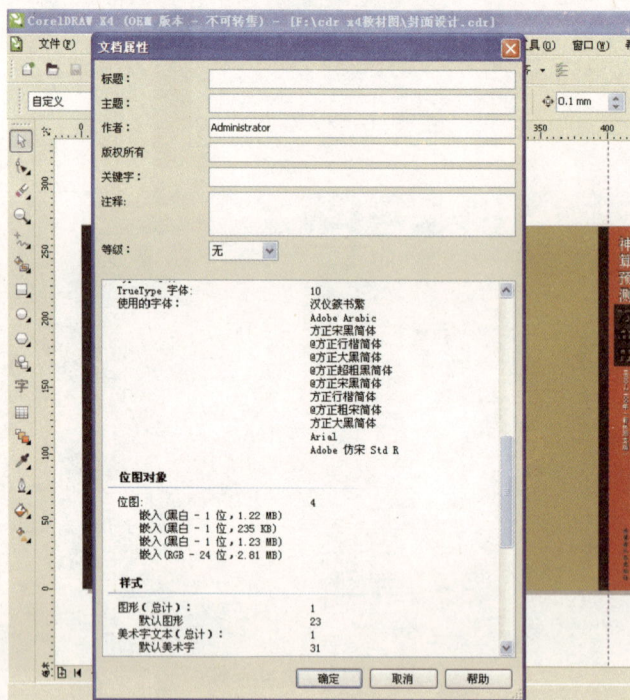

图 12-1-16　文档属性对话框

接下来，检查所用位图分辨率是否符合要求、检查字体是否转成曲线文件、检查图片是否都是印刷色等。如果发现哪个位图是 RGB 模式的颜色，我们就要把所用的位图全部检查，直到找到该图并将其转换成印刷色为止。

检查完确认无误后，我们就进行裁切线的制作。

出血不用太多，以免造成浪费，3 毫米就够了。

首先将我们在设计前建立的工作区四周各加 3 毫米，如图 12-1-17 所示。

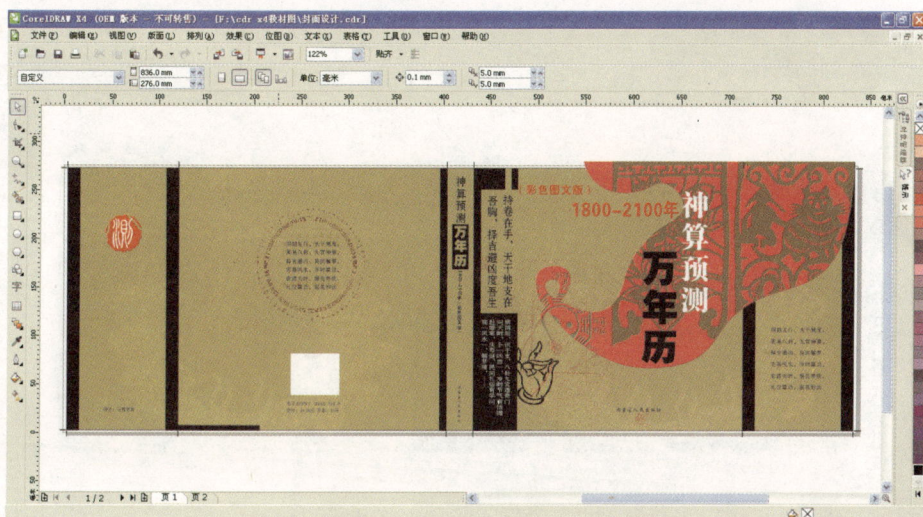

图 12-1-17　扩大工作区

　　然后我们用画线工具在作品的四角和所有折线两端画上四色线，线的粗度按极细标准，如图 12-1-18 所示。

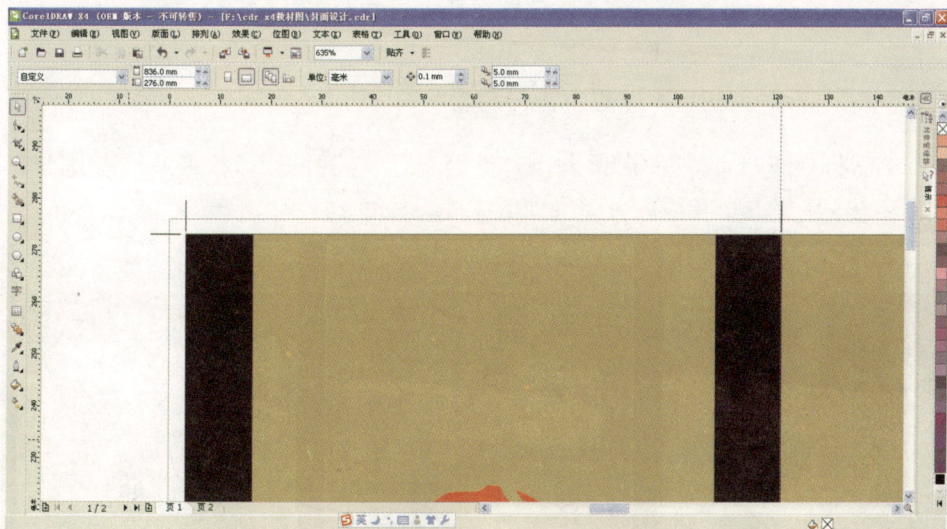

图 12-1-18　画四色线

　　经过制作，我们得到带有裁切线的画面，如图 12-1-19 所示。

图 12-1-19　带有裁切线的画面

我们接下来将移动值设置为 3mm，如图 12-1-20 所示。

图 12-1-20　设置移动值

然后将画面四周靠边的颜色、图片外延 3 毫米。我们用形状工具只选中外线，然后轻敲一下键盘上相应的方向键即可完成。如图 12-1-21 所示。

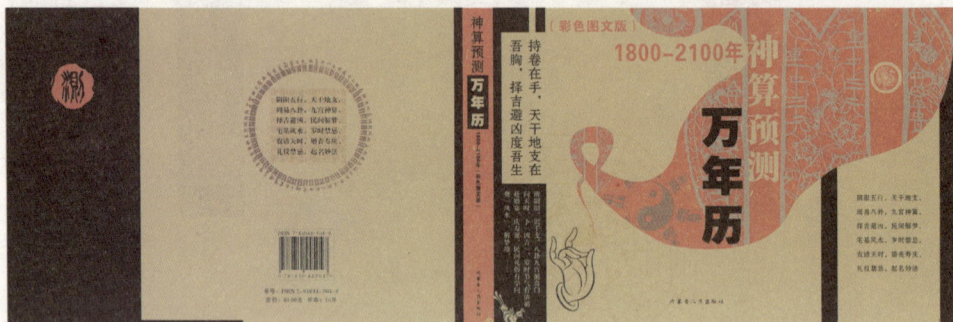

图 12-1-21　图片外延

到了这里，我们的印前工作已经完成，但为了成品的品质更好，我们还可以考虑印刷的特殊工艺。在这个画面中，封面上的白色部分可以采取烫银的印刷工艺，如果有这样的要求，我们的制版就是如图 12-1-22 所示的效果了。

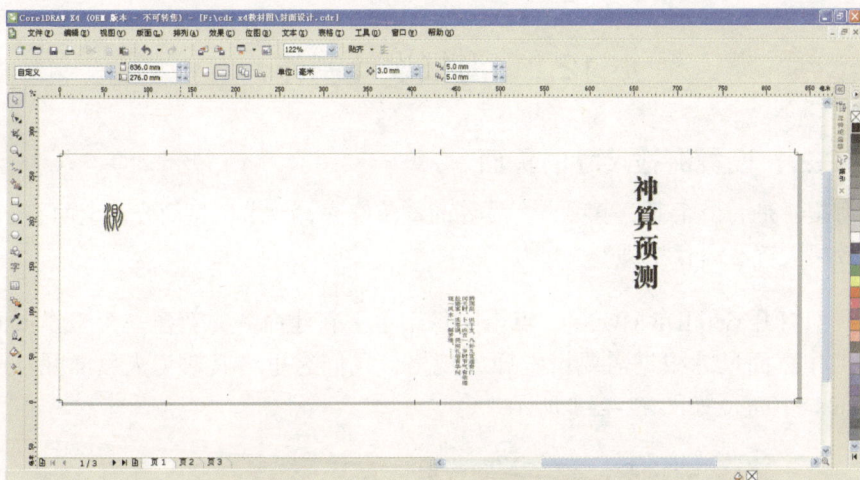

图 12-1-22　烫银的效果

画面中的土黄色底色，我们可以采用特种纸的材质制作，这样的材质，可以使成品更加古朴。也就是说，要在牛皮纸上印刷黑色和红色、烫银等，那么，我们就把画面做成如图 12-1-23 所示的效果即可。

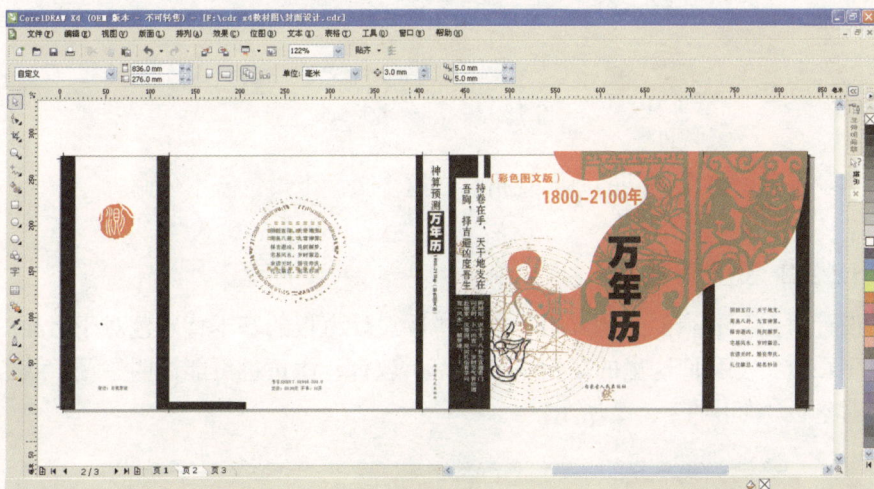

图 12-1-23　封面效果

这个发排文件和烫银版文件合在一起，就是一个完整的效果了。在印刷厂制作出来后，就是我们前面所设计的效果。

好了，到了这里，我已经把图书装帧设计的步骤图文并茂地给大家讲解完毕了，至于实际运用，还得根据具体作品的效果要求来定，而且还要因人而异。

12.2　海报设计制作

12.2.1　设置海报尺寸的页面

海报，是一个企业、事项、产品等的宣传媒介，要求信息简介、全面、准确，画面效果大气、时代感强。

我们打开 CorelDRAW X4，点击文件菜单下新建命令，新建一个工作页面，并将工作页面尺寸根据需要设置原大规格，我们这里将其改为大度 4 开，即：420mm×570mm, 如图 12-2-1 所示。

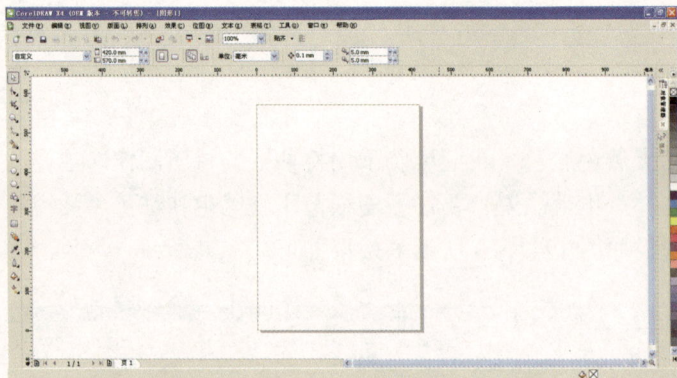

图 12-2-1　新建页面

这就是我们将来作品的原大规格。在这个页面上设置基本色调。

12.2.2　设置背景色

设计海报，必须要主题鲜明，根据主题设计海报的基本背景色对于后面的工作灵感很重要。我们这里的案例主题是警示教育，用黄色更能说明主题，我们来设置背景色，如图 12-2-2 所示。

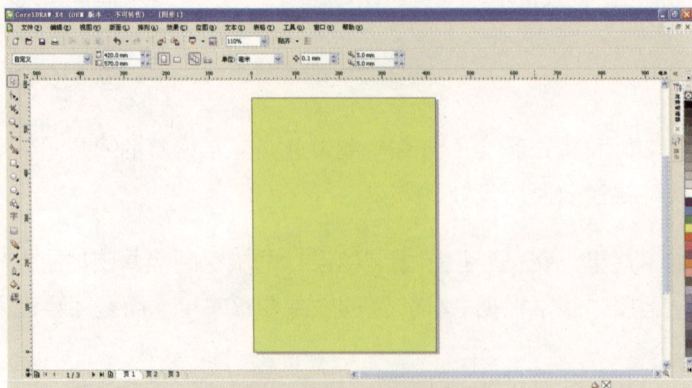

图 12-2-2　设置背景色

12.2.3 导入元素

基本色设置好后，我们来导入元素，这里的元素分为两类，一类是矢量元素，需要我们自己制作出来；另一类是位图元素，我们必须用 photoshop 软件协助处理，或者用我们的 CorelDRAW X4 中的位图菜单中的功能来处理，这里，我们选择前者，用 photoshop 软件协助处理。我们先说矢量元素的制作。

首先用椭圆型工具画两个正圆，如图 12-2-3 所示。

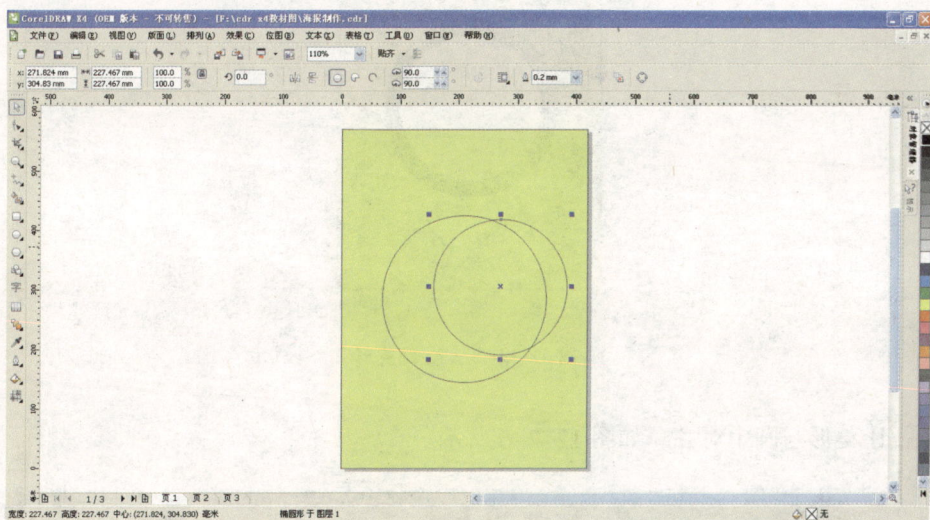

图 12-2-3　画两个正圆

把大圆填充黑色，小圆填充白色。将两个圆形选中，使其与页面中心对齐，如图 12-2-4 所示。

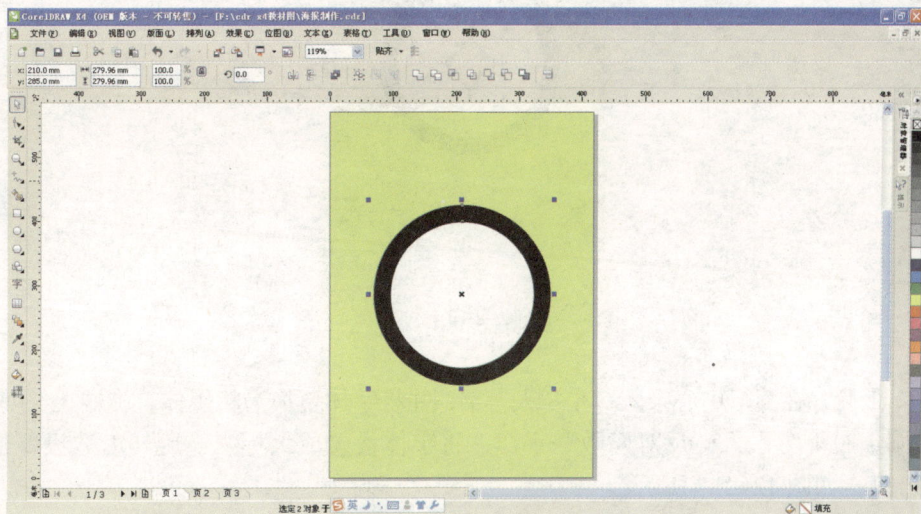

图 12-2-4　填色

然后，用多边形工具画一个菱形，并将菱形的每一个边向内缩小，使之形成内弧形，填充黑色，复制一个菱形，填充与背景色一样的颜色，缩小到适当大小，将两个菱形中心对齐，如图12-2-5所示。

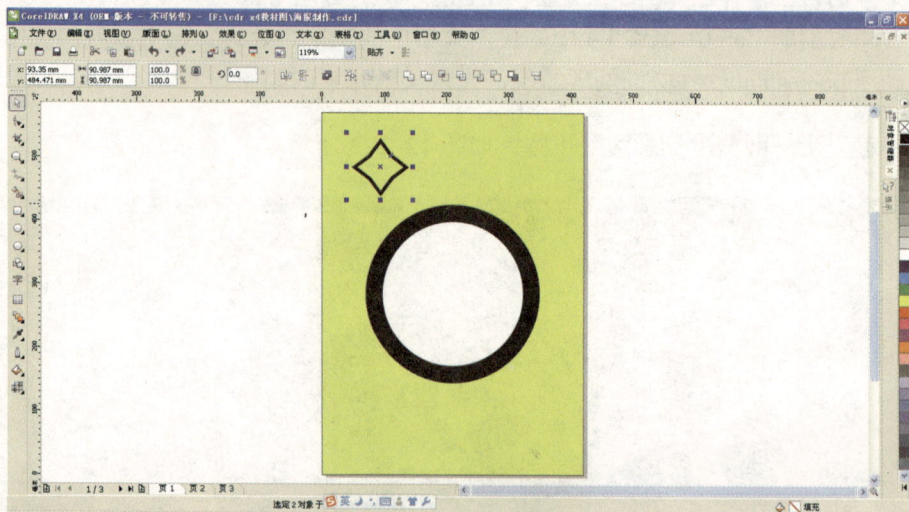

图 12-2-5　绘制菱形

让菱形与圆中对齐，如图12-2-6所示。

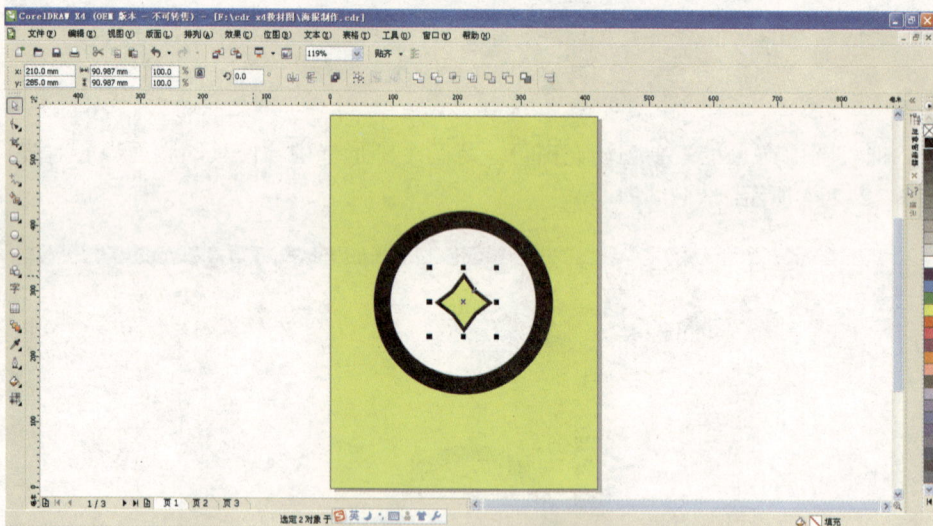

图 12-2-6　对齐

最后，在菱形中心录入一个"人"字，并将字体更换为粗黑体，旋转315度，在圆形右下方录入"反对腐败"字样，将字体设置成大标宋，旋转度数设置成330度，如图12-2-7所示。

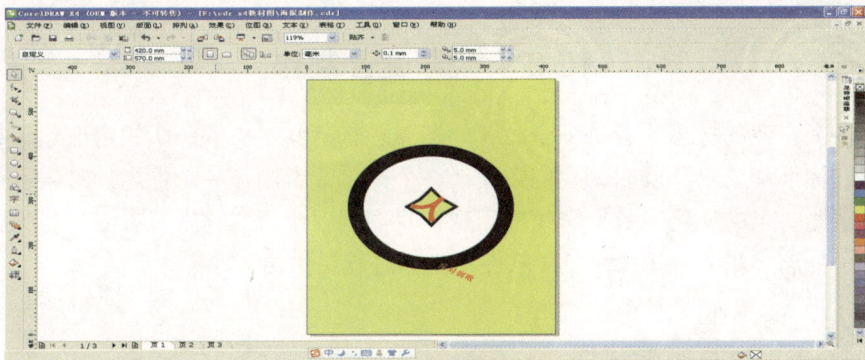

图 12-2-7 设置文字

到了这里，我们的矢量图形就全部完成了。接下来就是导入位图的工作了。我们在前面的案例中已经使用了用 CorelDRAW X4 软件处理位图的效果，在这个案例中，我们借助 Photoshop 软件处理位图，具体操作步骤按照 Photoshop 软件教材的知识操作。

将 Photoshop 处理好的位图导入页面，调整到适当位置和大小。如图 12-2-8 所示。

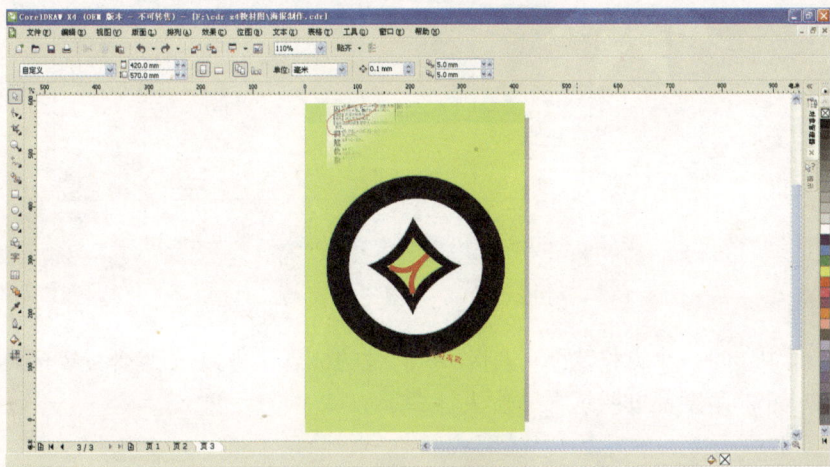

图 12-2-8 海报效果

我们的海报就全部做完了。

12.2.4 输出

完成设计的海报，根据需要选择输出方法。如果印刷的话，就要制作出裁切线，将所有使用的元素的色彩模式、分辨率按印刷要求设置；如果喷绘的话，可以将文件直接输出成 jpeg 文件，分辨率设置为 72 点；如果只需要电子文件放在网络上，我们可以将文件的尺寸缩小、分辨率设置为 72 点、色彩模式可以选择为 web 模式，总之，根据需要来设置即可。

12.3　标志设计制作

一个企业的标志或者是一个品牌的标志，都是其对外的一个固定形象，有着严格的标准和要求。所以，我们在设计一个标志或者制作一个标志的时候，都要严格按照一定的比例、数据来完成。现在我们就以众智文化发展有限公司为题设计一个标志，用 CorelDRAW X4 软件将制作过程展示给大家。

12.3.1 设置网格页面

首先打开 CorelDRAW X4，并建立一个新页面。点击工具菜单中的选项，打开选项面板中的网格，将设置设定为如图 12-3-1 所示。

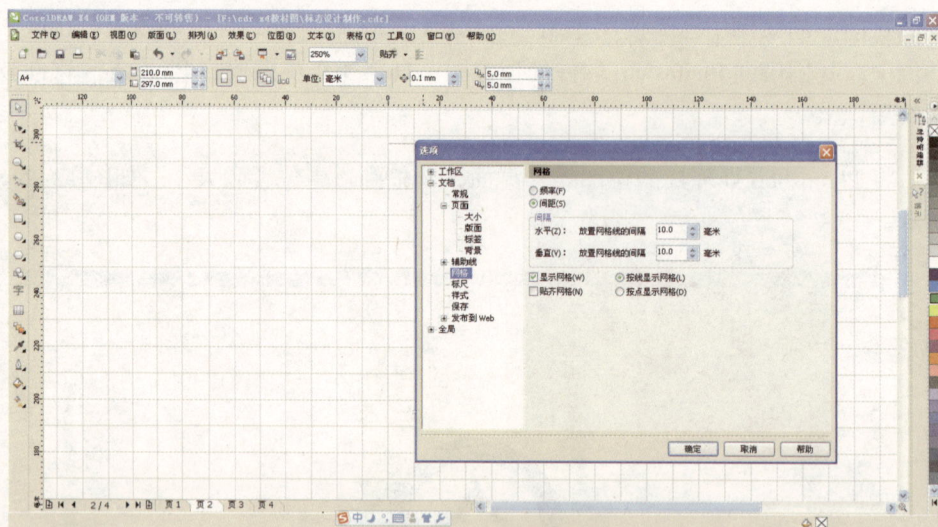

图 12-3-1　设置网格页面

页面中，每一个方格为 10 毫米。我们做的标志，也以 10 毫米为计量单位，所有的尺寸、角度都按照这个单位去计算。

12.3.2 导入元素

构思一个标志，是要在企业或者产品的众多信息中，经过提炼、浓缩求得的一个符号，并赋予这个符号一个寓意。

既然我们要为一个公司设计一个标志，公司的名字"众智"就是一个信息之一，再借助延伸意义，将血管、锐利的眼光作为信息，我们就根据这些信息，来设计标志。将这两个字分解开来，众者，多的意思；智者，智慧、心思。我们将"众"字变形，将"智"字转化成图形。如图 12-3-2 所示。

我们用这两个主要元素来制作标志。

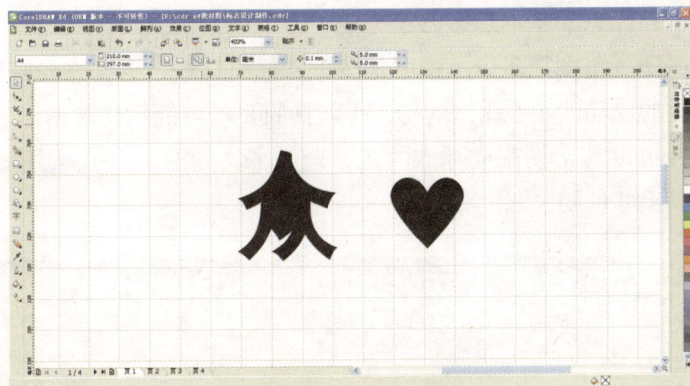

图 12-3-2　导入元素

12.3.3 制作标志图形

用形状工具将"众"字变形，将"众"字下面的两个"人"分别向上扭曲，力求饱满、美观，如图 12-3-3 所示。

图 12-3-3　制作标志图形 1

经过变形的"众"字，变成了两个心形的图案，我们再将原来准备的心型放在其间，就得到了三个"心"型相印的图标，如图 12-3-4。

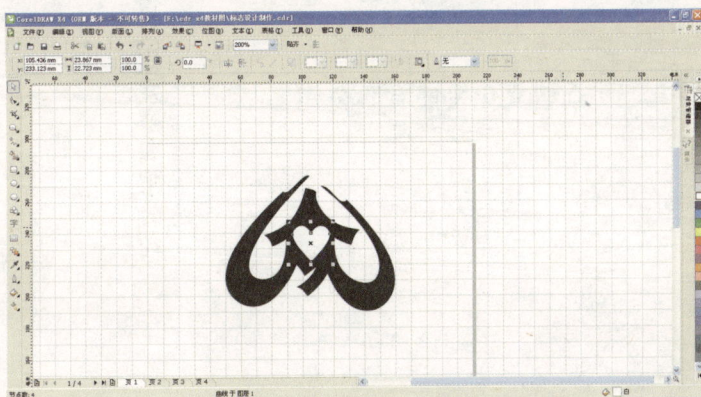

图 12-3-4　制作标志图形 2

到了这里，标志的基本形态已经完成，接下来我们就要把我们随性画的一个图标规范化，即：角度是多少、弧度是多少。标出这些数据，方便以后将标志制作成其他材质的成品，如不锈钢的等，所以我们要尽可能地使数据标准确。当然，现在的技术，可以直接切割成标准的图案造型了。如图 12-3-5 所示，将每一个位置的角度、尺寸标明。

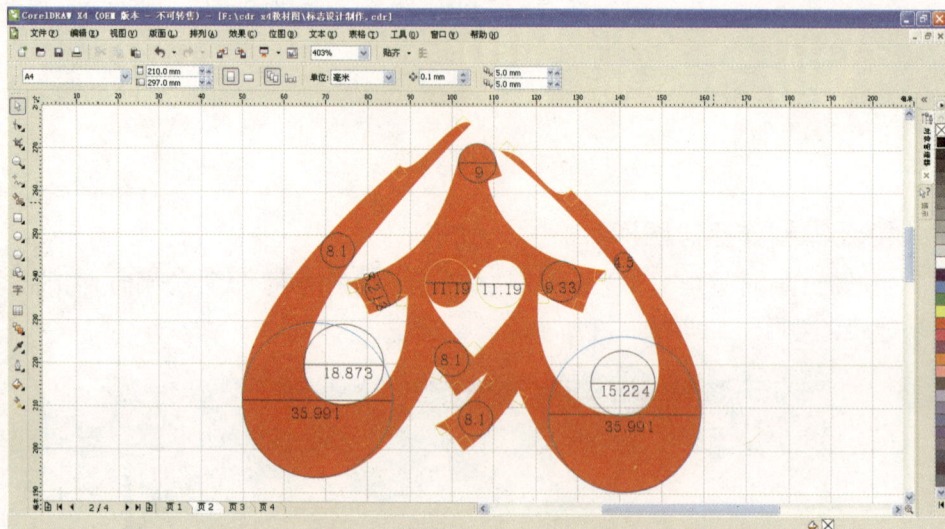

图 12-3-5　标数据

12.3.4 标准组合

标志的图形设计好以后，还要将其与标准字组合在一起才能作为一个完整的形象展示出来。

首先，我们按照字体比例设计一组标准字体的中英文组合，如图 12-3-6 所示。

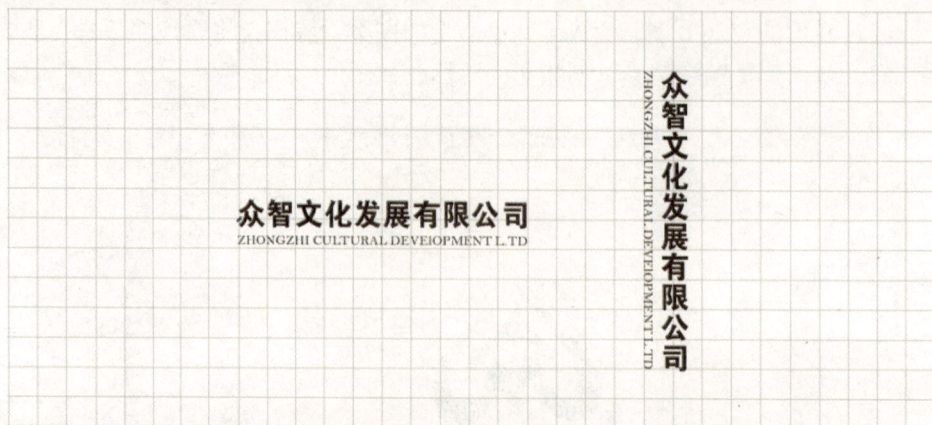

图 12-3-6　设计字体

将标准字体与标志组合在一起，有两种形式，即横式排列和竖式排列，如图图 12-3-7 所示。

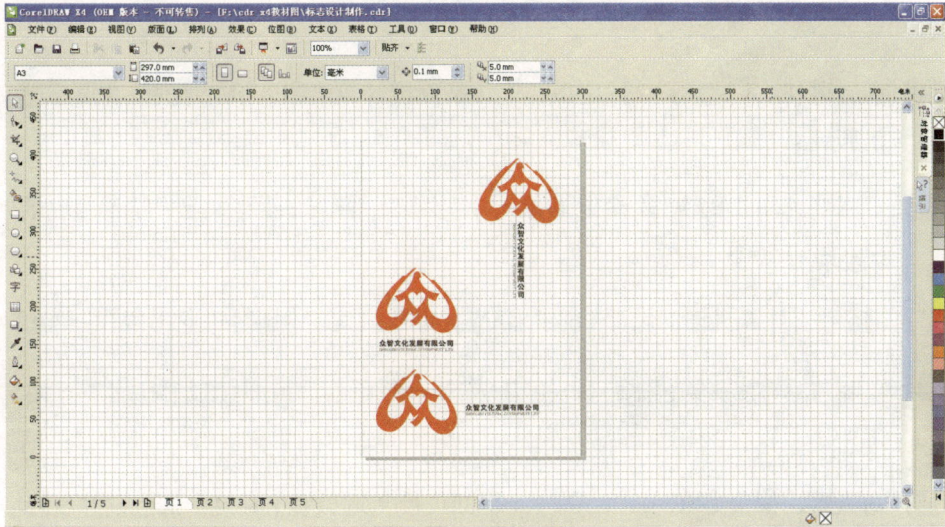

图 12-3-7　标准组合

12.3.5 设计标准色

标准色，是标志被印刷、制作的必须颜色，必须将所用色彩的数据标注出来，如图 12-3-8 所示。

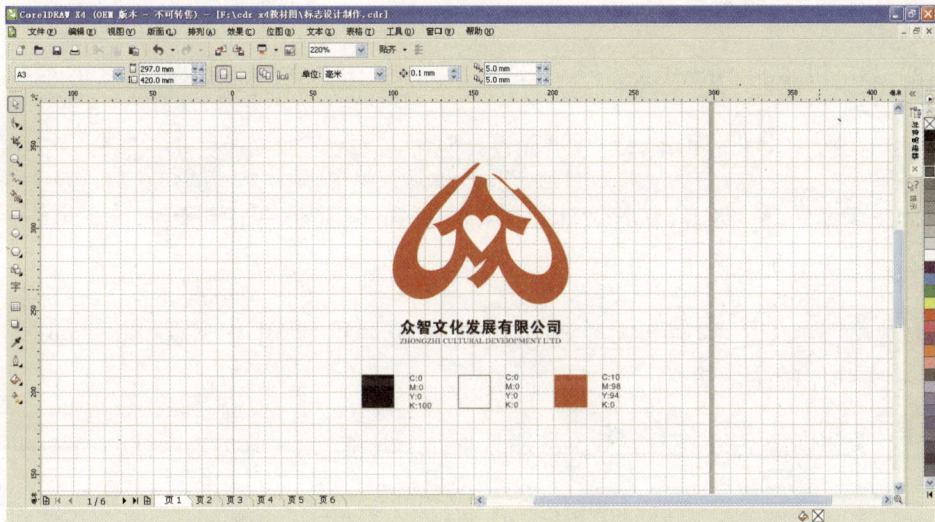

图 12-3-8　设计标准色

参 考 文 献

[1] 卓越科技 . 零起点：CorelDRAW X4 平面设计培训教程 [M]. 北京：电子工业出版社，2010.

[2] 李伟雄 .CorelDRAW 12 企业形象设计实例 [M]. 西安：西北工业大学音像电子出版社，2005.

[3] 刘金平 . 计算机辅助设计 CorelDRAW X4[M]. 北京：中国轻工业出版社，2012.

[4] 郑晓洁 . 玩转视觉艺术：CorelDRAW X4 平面设计 30 日速成 [M]. 北京：化学工业出版社，2010.

[5] 刘艳丽，胡荣群 .CorelDRAW X4 平面设计实用教程 [M]. 中文版 . 北京：清华大学出版社，2010.

[6] 苏颖，毕瑞芳 .CorelDRAW X4 平面设计实例教程 [M]. 北京：中国铁道出版社，2010.

[7] 周洁，王国平 .CorelDRAW X4 图形设计基础与实践教程 [M]. 北京：电子工业出版社，2009.

[8] 翁小川 .CorelDRAW X5 服装设计实用教程 [M]. 北京：科学出版社，2011.

[9] 王璞 . 中文 CorelDRAW X3 平面设计 [M]. 西安：西北工业大学出版社，2008.

[10] 李万军，马鑫编 . 做好设计师：我的 Illustrator CS5 平面设计书 [M]. 北京：电子工业出版社，2011.

[11] 赵博，艾萍 . 计算机图形制作基础 CorelDRAW 12[M]. 中文版 . 北京：人民邮电出版社，2006.

[12] 康博创作室 .CorelDRAW 9 实用教程 [M]. 北京：人民邮电出版社，2000.

高等教育美术专业与艺术设计专业"十二五"规划教材

构成基础 | 摄影 | 商业摄影 | 设计素描 | 素描基础

色彩形态构成 | 立体形态构成 | 平面形态构成 | 室内空间设计 | 图形创意

环艺效果图表现技法 | 字体设计 | 公共装饰艺术 | 透视与制图 | 标志设计

装饰图案 | 美术专业与艺术设计专业毕业论文写作指导 | 版式设计 | 包装设计 | 书籍装帧

设计色彩 | 插画基础 | 景观构成基础 | 色彩基础 | 色彩风景写生

Flash基础教程 | Photoshop基础教程 | 3ds Max&Vray效果图制作实训教程 | AutoCAD实训教程 | 设计速写